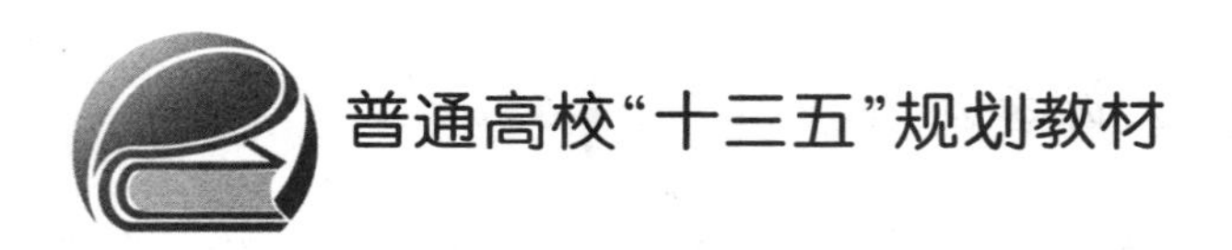

电工电子技术实验教程

主　编　孙君曼

副主编　张　培　刘　磊

北京航空航天大学出版社

内容简介

本书是根据教育部颁发的高等工科院校电工技术、电子技术、电工电子技术三门课程的教学要求而编写的实验指导教材。编者结合实验学时要求选择具有代表性的实验项目编写而成。

内容包括电工学工程基本技能学习培养、常用仪器仪表及实验设备使用训练、直流电路、单相交流电路、三相交流电路、电机及控制电路、模拟电子技术及数字电子技术等知识点的重要实验训练项目。编者精简了书中的实验项目并关注了重要知识点，以课程教学大纲为中心设置必要的实验训练项目还适量扩展精选的实验项目可满足当前工程训练背景下扩展实验训练的要求。

本书可作为电工技术、模拟电子技术、数字电子技术、电工电子技术课程的实验指导书。

图书在版编目(CIP)数据

电工电子技术实验教程 / 孙君曼主编. -- 北京 : 北京航空航天大学出版社，2015.12

ISBN 978 - 7 - 5124 - 2031 - 1

Ⅰ. ①电… Ⅱ. ①孙… Ⅲ. ①电工技术—实验—高等学校—教材 Ⅳ. ①TM - 33②TN - 33

中国版本图书馆 CIP 数据核字(2016)第 009345 号

电工电子技术实验教程

主　编　孙君曼

副主编　张　培　刘　磊

责任编辑　董　瑞

*

北京航空航天大学出版社出版发行

北京市海淀区学院路 37 号(邮编 100191)　http://www.buaapress.com.cn

发行部电话：(010)82317024　传真：(010)82328026

读者信箱：goodtextbook@126.com　邮购电话：(010)82316936

涿州市新华印刷有限公司印装　各地书店经销

*

开本：710×1 000　1/16　印张：9.5　字数：202 千字

2016 年 2 月第 1 版　2019 年 8 月第 2 次印刷　印数：3 001～6 000 册

ISBN 978 - 7 - 5124 - 2031 - 1　定价：29.00 元

若本书有倒页、脱页、缺页等印装质量问题，请与本社发行部联系调换。联系电话：(010)82317024

前　　言

本书是根据高等院校电工技术、电子技术、电工学课程教学大纲，结合教学实际编写而成的实践性教程，是实验环节的指导教材。培养实验能力和提高实际技能是高等工科院校教育的重要内容，实验是帮助学生学习和运用理论处理实际问题，理解和巩固基本理论，获得实验技能和科学研究方法训练的重要环节，是卓越工程师技术人才培养的必修内容。

本书内容安排与《电工电子技术》(ISBN：978-7-5124-3008-2)的内容相配合，分为电工技术实验和电子技术实验两部分。其实验性质分为验证性实验、综合性实验和设计性实验。

验证性实验有利于学生验证电路理论中的一些重要的基本概念和基本理论，熟悉电工电子测量中的部分基本仪器、仪表，掌握一些基本的测试方法。综合性实验的实验内容涉及本课程相关综合知识，主要培养学生综合运用知识和分析实验结果的能力。设计性实验是培养学生在对基本知识的熟练掌握的情况下，独立完成设计任务的能力。本教材难易结合、重点突出，可作为电类专业电路、模拟电子技术及数字电子技术的实验教材。

本书的编写工作主要由郑州轻工业大学电工、电子技术课程组的老师完成，参加编写的有孙君曼、张培、刘磊、王健东老师，在此向为实验教材编写及实验教学、实验准备工作付出了辛勤劳动的各位老师表示感谢。另外，本书的出版得到郑州轻工业大学电气信息工程学院及教务处的大力支持，在此非常感谢！

由于编者学识有限，书中如有不妥之处，望读者提出宝贵意见。

作　者

2018年12月18日

前　言

学生实验守则

实验室设备为用电设备，由于操作不当可能会导致人身或设备安全受到损害。为了保证实验工作的顺利展开，加强电工学实验课程工程训练作用，培养学生的创新精神与实践能力，提升教学效果，保证实验工作的顺利展开，为学生创造一个良好的实验环境，特制定如下学生实验规则。实验前，学生必须认真阅读并遵守学生实验守则规定：

1. 实验前必须认真预习实验内容，明确实验目的、步骤、原理，并回答实验教师的提问，及时写好预习报告。

2. 每班学习委员分好实验小组并指定小组长，按实验台的编号固定各人座位。

3. 在进入实验室前，务必搞好个人卫生，进入实验室应保持安静，保持实验环境整洁，不得高声喧哗或打闹，请勿在实验室饮食，乱扔纸屑，随地吐痰，实验室严禁吸烟，要保持实验室和仪器设备的整齐清洁。

4. 爱护仪器设备，使用前详细检查，观察所用仪器，了解使用方法、量程及注意事项，使用后要将设备放于原位，发现设备丢失或损坏立即报告。未经许可不得使用与本实验无关的仪器设备及其他物品，不准将任何物品带出室外。

5. 交流电路实验不准带电接线，不准双手、单手在带电情况下接触裸露的金属插线，同组学生在实验中应相互配合，安全第一。

6. 接通电源前，应由教师检查线路，合格后方可通电。爱护仪器、仪表，遵守使用规则，防止设备事故。发生设备故障及时切断电源，并及时报告指导教师处理。

7. 小组成员分工协作，即操作、观察现象、读数、记录与数据审查，每做完一项实验内容应调换分工，使每位同学都能充分地得到实验技能的训练。正确读数，对于指针式仪表要求“眼、针、影成一线”，实验中如发现异常现象，先断开电源，保持现场，分析原因，排除故障，经教师许可后再进行实验，如果造成仪器、仪表损坏要如实填写事故报告单。

操作时应注意：手合电源，眼观全局，先看现象，再读数据。

8. 实验完毕后，要关闭电源，关好门窗，整理好仪器设备，拆除线路，做好卫生工作，经实验室工作人员检查仪器及使用记录后方可离开。

9. 对违反操作规程及玩弄仪器设备而造成事故或损坏器材者，视情节轻重予以批评教育或停止实验，严重者赔偿损失并报校有关部门处理。

10. 实验报告是对实验内容的全面总结，要认真完成实验报告，包括分析结果、处理数据、绘制曲线及图表等。实验报告要文理通顺，简明扼要，字迹端正，图表清晰，分析合理，讨论深入。不合要求的实验报告须退回重做。

目　　录

上篇　电工技术实验

下篇　电子技术实验

附　　录

上　篇

电工技术实验

预习一　实验室供电系统及实验安全用电

电工学是实践性很强的一门技术基础课。实验是该课程的一个重要环节，通过这一实践性教学环节，不仅能巩固和加深理解所学的知识，更能训练实验技能，根据理论知识来指导实验、建立工程实际观点并树立严谨的科学作风。通过该实验课程的训练应使学生具有如下能力：对供电系统及安全用电有一个正确认识，并能正确使用常用的电工仪表、电工设备及常用的电子仪器；具备按电路图正确接线和检查线路故障的能力；会查阅手册，掌握常用电子元件的基本使用知识；具备准确读取实验数据、观察实验现象、测绘波形曲线、分析实验数据的能力；将所学的理论知识灵活运用于实践中，具有处理实际问题的能力；具有实事求是、严肃认真、细致踏实的科学作风和良好的实验习惯。实验中应注意操作规程，并养成良好的工作习惯，这是实验顺利进行的有效保证。

任何电子仪器、设备都需要电源的支持，做电工实验就更应了解清楚实验室供电系统、实验设备、有关仪器仪表的电源供电知识及一些有关安全用电的常识。

一、实验室供电系统

实验室通常使用的动力电是频率为 50 Hz、线电压 380 V、相电压 220 V 的三相交流电。由于在实验室很难做到三相负载平衡，因此常采用 Y－Y 连接。从配电室到实验室的供电线路如图 Y1－1－1 所示。

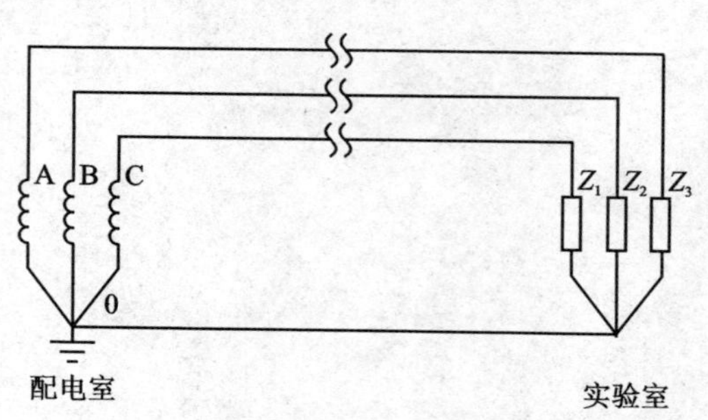

图 Y1－1－1　实验室的供电系统

A、B、C 为三条火线，0 为回流线。回流线通常在配电室一端接地，因此又称零线，其对地电位为 0。该供电系统称为三相四线制供电系统。

实验室的仪器通常采用 220 V 供电，并经常是多台仪器一起使用。为了保证操作人员的人身安全，使其免遭电击，需要将多台仪器的金属外壳连在一起并与大地连接,因此在用电端的实验室需要引入一条与大地连接良好的保护地线。从实验室配电盘(电源开关)到实验台的供电线路如图 Y1-1-2 所示。

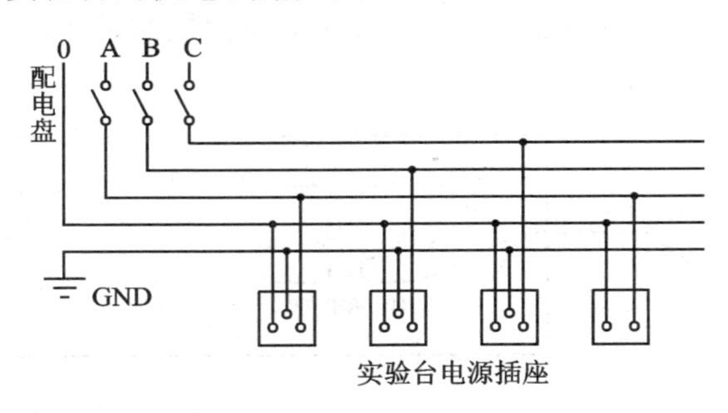

图 Y1-1-2　实验室的供电线路

220 V 的交流电从配电盘分别引到各个实验台的电源接线插座上,电源接线插座有两芯插座和三芯插座供用电器使用。按照电工操作规程要求,两芯插座与动力电的连接是左孔接零线,右孔接火线,三芯插座除"左孔接零线、右孔接火线"外,中间孔接的是保护地线 GND。所以,实验室供电系统确切的叫法应为三相四线一地制,即三条火线、一条零线、一条保护地线。

注意:零线与保护地线虽然都与大地相接,但它们之间有着本质的区别。

① 接地地点不同。零线通常在低压配电室即变压器次级端接地,而保护地线则在靠近用电器端接地,两者之间有一定距离。

② 零线中有电流,即零线电压为 0,电流不为 0,且零线中的电流为三条火线中电流的矢量和。保护地线在一般情况下电压为 0,电流亦为 0,只有当漏电产生时或发生对地短路故障时,保护地线中才有电流。

③ 零线与火线及用电负载构成回路,保护地线不与任何部分构成回路,只为仪器的操作者提供一个与大地相同的等电位。因此,零线与保护地线虽说都与大地相接,但不能把它们视为等电位,在同一幅电路图中不能使用同一接地符号,在实验室里更不能把零线作为保护地线和测量参考点。了解这一点非常重要,否则会造成短路,在瞬间产生大电流,烧毁仪器实验电路等。

了解零线与保护地线的区别是有实际意义的,因为在实验室内,要求所有一起使用的电子仪器,其外壳要连在一起并与大地相接,各种测量也都是以大地(保护地线)为参考点而不是零线。

二、电子仪器的动力电引入及其信号输入/输出线的连接

电子仪器中的电子元件只有在稳定的直流电压下才能正常工作,通常电子仪器先接受 220 V/50 Hz 动力电,然后通过内部变压器降压处理再进行整流、滤波、稳压环节才能得到合适的直流稳定电压。目前多采用三芯电源线将动力电引入电子仪器,连接方式如图 Y1-1-3 所示。电源插头的中间插针与仪器的金属外壳连在一

起,其他两针分别与变压器初级线圈的两端相连,这样,当把插头插到电源插座上时,通过电源线即把仪器外壳连到大地上,火线和零线也接到变压器的初级线圈上。当多台仪器一起使用并都采用三芯电源线时,这样通过三芯电源线就能将所有的仪器外壳连在一起,并与大地相连。

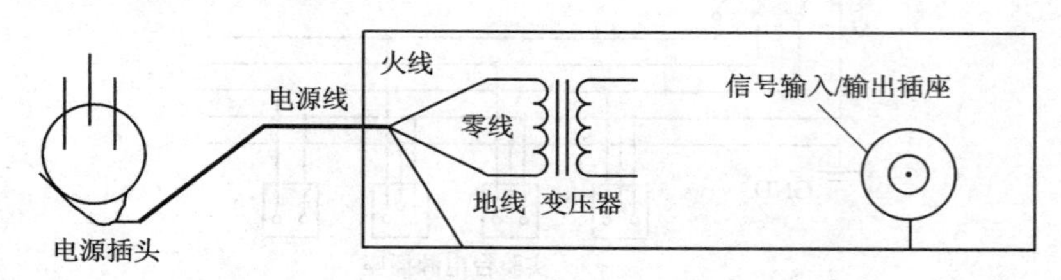

图 Y1-1-3 电源线、信号输入/输出线的连接

电子仪器的输入与输出线,在使用电子仪器时有的是向外输出电量,称为电源或信号源;有的是对内输入电量,以便对其测量。不管是输入量还是输出量,仪器对外联系都是通过接线柱或插座来实现的。若用接线柱,通常用一个红色接线柱作为仪器对外联系,它与仪器外壳绝缘,另一个通常用黑色接线柱与仪器外壳直接相接并标示接地符号“⊥”。若用测量线插座实现对外联系,通常将插座的外层金属部分直接固定在仪器的金属外壳上,如图 Y1-1-3 所示。

实验室使用的测量线大多数为 75 Ω 的同轴电缆线。一般电缆线芯线接一红色鳄鱼夹子,网状屏蔽线接一黑色鳄鱼夹子,网状屏蔽线的另一端与测量线插头的外部金属部分相接。当把测量线插到插座上时,黑夹子线即和仪器外壳连在一起。也可以说,黑夹子线端即接地点,因为仪器外壳是与大地相连的。由此可见,实验室的测量系统实际上均是以大地为参考点的测量系统。如果不想以大地为参考点,就必须把所有仪器改为两芯电源线,或者把三芯电源线的接地端断开,否则就采取隔离技术。

若使用两芯电源线,测量线的黑夹子线一端仍和仪器外壳连在一起,但外壳却不能通过电源线与大地连接,这种情况称为悬浮地。当测量仪器为悬浮地时,可以测量任意支路电压。当黑夹子接在参考点上时,测得的量为对地电位。

总之,信号源一旦采用三芯电源线,则由它参予的系统就是一个以大地为参考点的系统,除非采取对地隔离技术,如使用变压器隔离、光耦隔离等;若测量仪器(如示波器、毫伏表)一旦采用三芯电源线,它就只能测量对地电位,而不能直接测量支路电压。因此,在所有仪器都使用三芯电源线的实验系统中,其黑夹子必须都接在同一点(接地点)上,否则就会造成短路。

三、实验室安全用电

安全用电包括两个方面:一是人身安全,二是仪器设备安全用电。

1. 人身安全

根据大量触电事故分析及实验证实，电击所引起的伤害程度与下列因素有关。

(1) 人体电阻的大小

人体电阻越大，通入的电流越小，伤害程度也就越轻。研究表明，当皮肤有完好的角质外层并且很干燥时，人体电阻大约为 $10^4 \sim 10^5\ \Omega$。当皮肤的角质外层破坏时，则降到 800～1 000 Ω。

(2) 电流通过人体时间的长短

电流通过人体的时间越长，则伤害越严重。

(3) 电流的大小

如果通过人体的电流在 0.05 A 以上时，就有生命危险。一般说，接触 36 V 以下的电压时，通过人体的电流不会超过 0.05 A，所以认为 36 V 为安全电压。如果在潮湿的场所安全电压要规定的更低一些，通常是 24 V 和 12 V。

此外，电击后的伤害程度还与电流通过人体的路径以及与带电体接触的面积和压力等有关。

由于实验室采用 220 V/50 Hz 的交流电，当人体直接与动力电的火线接触时就会遭受电击。为了防止触电，要经常检查使用动力电的仪器设备、用电器电源插头有无松动，导线是否破损，外壳接地是否良好等。

2. 仪器设备安全用电

每台仪器只有在额定的电压范围内才能正常工作。当电压过高或过低都会影响仪器正常工作，甚至烧毁仪器。我国生产并在国内销售的电子仪器多采用 220 V 交流电，在一些进口或国外销售的国产电子仪器中，有一个 220 V/110 V 电源选择开关，上电前一定要将此开关置于与供电电网电压相符的位置。另外，还要注意仪器设备用电性质，是交流还是直流，不能用错。若用直流供电，除电压幅度满足要求外，还要注意电源的正、负极性。

预习二 电工实验常见故障及排除方法

实验是认识客观世界或事物的重要途径和手段，是理论的基础和源泉。培养学生的实验能力和提高实践技能是高等工科院校教育的重要内容之一，是培养工科学生在从事相关专业方面的工作技能的必要环节。通过实验可帮助学生验证、消化和巩固基本理论知识，学习怎样处理具体问题，通过实验获得实验技能和科学研究方法的训练。从事任何实验，均要求学生具备相应的理论基础知识、实验技能以及归纳总结实验结果的能力。电工、电子实验是电气工程与信息领域最基本的实验，内容包括电路理论、基本电工测量仪器仪表的使用以及电工物理量的测量方法、电子技术基本单元设计与实验等，其基础性决定了它在电类各专业的教学进程中起到的重要作用。

结合多年实验教学的经历，从做电类实验的具体情况及经常出现的操作失误出发，总结如下经验，希望能够帮助实践者在具体实验过程中提高分析判断问题的能力和动手能力，使实验技能有所提高。

一、实验中的常见故障

对于初次接触电工实验或实验经验还不丰富的实验者来说，在实验中会遇到各种各样的问题和故障，这很正常，不应胆怯，通过解决出现的问题，排除故障，会有更大的收获。实验中故障产生的原因各种各样，但后果却都导致实验不能顺利进行，不能达到正确的实验结果。常见的故障归纳如下：

1. 仪器设备

由于仪器设备引起的故障常有以下情况：

① 仪器自身工作状态不稳定或损坏。

② 超出了仪器的正常工作范围，或调错了仪器旋钮的位置。

③ 测量线损坏或接触不良。

④ 由于仪器旋钮松动，偏离了正常位置。

在上述情况中，测量线损坏或接触不良发生得最多，而仪器工作不稳定或损坏在实验过程中出现的概率要少得多。当还未完全掌握仪器的正确使用方法或者粗心大意时会出现第二种情况。

2. 器件与连接

这类故障常有：

① 用错了器件或选错了标称值。

② 连线出错，导致原电路的拓扑结构发生变化。

③ 连接线接触不良或损坏。

④ 在同一个测量系统中有多点接地，或随意改变了接地位置。当实验中的仪器都使用三芯电源线时，稍不注意红夹子和黑夹子的区别，就会在同一测量系统中造成多点接地故障，尤其是初学者常犯此类错误。

通常说交流信号方向不固定，因此没有正负级，这在理论上是正确的。但在实验室里由于电子仪器的信号输入/输出线，其中一根(黑夹子线)已经和仪器外壳相连，即已经接到在以大地为参考的地线上，因此实验室红夹子线和黑夹子线就不能随意乱接，黑夹子必须接在参考点上(地线上)。这样做并不等于说交流信号就有正负极了，它和直流电源的正负极性是不同的两个概念。

3. 错误操作

当仪器设备正常，电路连接准确无误，而测量结果却与理论值不符或出现了不应有的误差时，问题往往出现在错误的操作上。错误的操作一般有如下几种情况。

(1) 未严格按照操作规程使用仪器

如读取数据前没有先检查零点或零基线不准确，读数的姿势、表针的位置、量程不正确等。

(2) 片面理解问题

盲目地改变电路结构，未考虑电路结构的改变会对测量结果带来的影响和后果。

(3) 采用不正确的测量方法

选用了不该选用的测量仪器。这是学生在电子技术实验中常犯的错误，本该选用晶体管毫伏表测量放大电路输入/输出交流电压信号，总是有学生错用直流电压表或万用表，造成读数不正确。

(4) 无根据地盲目操作

上面列出了一些故障现象，目的是注意实验中的这些方面，以避免不应有的错误，或能较快地找出故障。实验中出现错误是常有的，但不应轻率地犯错误，如粗心大意、操作不规范、无条理、漫不经心等。通过做实验养成良好的工作习惯很重要，否则，可能会造成严重后果，如损坏仪器、烧毁器件乃至整个系统。因此，在实验过程中，除了要学习掌握测量方法、实验技能、积累经验、提高分析问题解决问题的能力外，培养科学的实验态度、养成良好的操作习惯也是非常重要的。

二、故障分类

实验时故障一旦发生，就需要想办法排除。通过排除故障可以从中吸取教训，积累经验，同时这也是锻炼分析问题、解决问题的好机会。切不可一出现问题，既不观察故障现象也不分析故障原因，不分青红皂白地将实验电路拆掉重来。这样做既不利于问题的解决，也不利于能力的提高。由于原因不明，可能还会带来其他不良影响或造成严重后果。当故障发生后应采取如下措施：即了解故障性质，是为了确定采用什么样的检查手段和方法来排除故障。从故障造成的后果来看，通常有破坏性和非破坏性两种。

1. 破坏性故障

出现此类故障时经常会有打火、冒烟、发声、发热等现象，这会对仪器电路或器件造成永久性损坏。一旦发现此类故障，应立即关掉实验仪器和被测系统的电源，然后再对其进行检查处理，以免损坏程度尽一步扩大。

检查此类故障时，一定要在完全断电的情况下进行。可通过查看、手摸、找出电路损坏的部分或发热器件，进而可仔细检查电路的连接、器件的参数值等。如果仅凭借观察不易发现问题，可借助万用表对电路或器件进行检查。通常多采用测量电阻的方法进行，如电路是否短路、开路，某器件的电阻值是否发生了变化，电容、二极管是否被击穿等。该类故障多发生在具有高电压、大电流及含有有源器件的电路中。

当电路出现短路或负载太重(阻值太小)时会对信号源、直流稳压电源造成损坏，当发现电源的输出突然下降到零或比正常值下降很多时，应立即关掉电源进行检查。

2. 非破坏性故障

该类故障只会影响实验结果，改变电路原有的功能，不会对电路或器件造成损坏。此类故障虽不具破坏性，但排除此类故障一般比排除具有破坏性故障难度更大。因此，除采用上述检查方法外，通常还需要加电检查，即对实验电路加上电源和信号，然后通过测量电路的节点电位、支路电流来查找故障。在交流电路中，通常检查的是节点电位或支路电压。检查时，可按照实验电路从信号源输出开始，逐点向后直至故障点。

三、排除故障的一般方法

根据故障现象可确定故障的性质，同时可进一步分析故障产生的可能原因，根据不同的原因可采用相应的措施去排除。如故障现象为测试点处无信号，其原因可能有：该点后面电路短路、前面电路有开路、信号源无输出、信号源输出线开路、测量仪表的输入线断开等。再如，考察线性电路某点电位时，调整信号发生器的输出，毫伏表的读数不跟随变化，存在的原因可能有：信号发生器损坏(幅度电位器失灵)、毫伏表输入线未接地(接触不良或导线损坏)等。

确定故障位置，找出故障发生点，采用的方法和手段可多种多样，但总的指导思想应遵循由表及里、由分散到集中、先假设后确定的原则。对于实验中常见的线路故障，排除方法可总结为以下两种方法。

1. 断电检查法

当线路接错线，出现电源短路、开路等错误时，应该立即关闭电源，然后使用万用表的欧姆挡，对照实验电路原理图，对电路中的每个元件和接线逐一检查，根据检查点的电阻大小找出故障。破坏性故障常用此方法。

2. 通电检查法

当实验电路工作不正常，或出现明显错误的结果时，使用万用表的电压挡，对照实验电路原理图，逐一对每个元件和接线进行检查，根据电压的大小找出故障点。一般的顺序为：

① 检查接线是否有错；

② 检查电源是否正常工作，包括有无输出、输出是否符合要求等；

③ 检查电路中的元件是否正常工作，元件与测量仪表的连接是否牢固，以及导线是否良好；

④ 检查测量仪表是否正常工作，输入、输出是否有误，量程是否适当，测试线是否良好，需要电源的是否通电等。非破坏性故障常用此方法。

要想尽快地找到故障点并加以排除，需要有扎实的理论基础和分析问题的能力，更多的是需要积累丰富的实验经验。实验经验的积累是和平常的努力、善于观察、勤于观察、多动手分不开的。因此，平常要养成良好的习惯，实验时不要轻易放过任何一种现象，并善于发现、观察实验时的一些异常，自觉地锻炼独立分析问题、解决问题的能力：不要一出现问题，就去请求别人或指导教师帮助，更不应回避问题。

在实验中巩固、加深所学的理论知识并能灵活运用于实践中，培养处理实际问题的能力。要养成实事求是、严肃认真、细致踏实的科学作风和良好的实验习惯。实验中注意操作规程，养成良好的工作习惯，这是实验顺利进行的有效保证，在实验时必须遵循。

预习三　DGJ-3型电工技术实验装置简介

DGJ－3型通用电工实验装置是大型、综合性实验设备，是根据“电工技术”“电工学”教学大纲和实验大纲的要求，综合了国内各类实验装置的特点而设计的新产品，全套设备能满足各类学校“电工学”“电工技术”课程的实验要求。

本实验装置采用钢板模压双层喷塑结构，具有高绝缘、防漏电的安全性能。实验装置是由实验桌、实验屏和若干实验部件组成。

一、实验台概况

1. 实验台供电电源

实验台供电电源为三相四线制交流电，实验屏的左后侧有一根三相四芯电源线（并已接好三相四芯插头），接好机壳的接地线，然后将三相四芯插头接通三相交流市电。电网供电电压380 V/220 V±5%，通常电网电压波动较大，为确保实验台正常工作应配接三相交流稳压电源以获得更稳定的供电电源。每个实验台供电容量可按单相负载0.8 kV·A、三相负载1.5 kV·A计算。交流电网对多台实验台供电时其总容量可按每个实验台容量总和乘以同时的利用率来确定，通常因三相实验耗电仅200 W以下，所以实验仍以单相负载为主，布置供电线路时应注意分组换相以使三相负载平衡。供电线路应确保中性线通顺完好，严禁在无中线供电线路上运行。

2. 实验台安全保护系统

本实验台采用如下三项有效措施确保操作员与设备安全使用。

实验台总电源开关采用带漏电保护的专用高质量空气自动开关，其断流能力达6 000 A。当发生漏电情况时能在触电安全电流下高速切断电流（安全电流30 mA以下，运作时间小于0.1 s，符合国际标准IEC 755及国家标准GB 6829）。

每次实验前必须进行漏电模拟操作以确保漏电保护功能正常，方法是在实验前先合上总电源开关并立即按下开关边上漏电功能检查“T”按键，如开关立即断开电源即属正常，允许进行实验接线操作。但是再次合上开关时必须将开关右下角的阻止开关合闸按键按下，此按键在漏电保证动作后实行保护性阻止开关重合作用。

实验台后下角设置专用台体接地端子，实验台使用前必须连接地线，此地线必须与电源中性线分开专设，接地导线应按标准安装，截面大于1 mm^2，接地电阻小于4 Ω。

实验台工作台面采用具有高绝缘性能的复合板，为操作员提供了一个安全工作区域，可有效防止带电线脱落等现象造成触电的可能性。

3. 实验台电源系统的使用

(1) 实验台电源插头可靠连接电源后的操作步骤

① 将置于左侧面的三相自耦调压器的旋转手柄按逆时针方向旋至零位。

② 将三相电压表指示切换开关置于左侧(三相电源输入电压)。

③ 开启钥匙式三相电源总开关，停止按钮灯亮(红色)，三只电压表(0～450 V)指示出输入的三相电源线电压之值。

④ 按下启动按钮(绿色)，红色按钮灯灭，绿色按钮灯亮，同时可听到屏内交流接触器的瞬间吸合声，面板按 U_1、V_1 和 W_1 上的黄、绿、红三个 LED 指示灯亮。至此，实验屏启动完毕，则实验屏左侧面单相二芯 220 V 电源插座和三相四芯 380 V 电源插座处以及右侧面的单相三芯 220 V 电源插座处均有相应的交流电压输出。

(2) 三相可调交流电源输出电压的调节

① 将三相"电源指示切换"开关置于右侧(三相调压输出)，三只电压表指针回到零位。

② 按顺时针方向缓转三相自耦调压器的旋转手柄，三只电压表将随之偏转，即指示出屏上三相可调电压输出端 U、V、W 两两之间的线电压之值，直至调节到某实验内容所需的电压值。实验完毕，将旋柄调回零位，并将"电压指示切换"开关拨至左侧。

(3) 低压直流稳压电源、恒流电源的输出与调节

① 有两路可调直流稳压电源，共用一个显示器显示，有切换键进行控制，显示输出端的稳压值。调节"输出粗调"波段开关和"输出细调"多圈电位器旋钮，可平滑地调节输出电压，调节范围为 0～30 V，额定电流为 0.5 A。两路输出均设有软截止保护功能。

② 恒流源的输出与调节，将负载接至"恒流输出"两端，开启恒流源开关，指针式毫安表即指示输出恒电流之值，调节"输出粗调"波段开关和"输出细调"多圈电位器旋钮，可在三个量程段(满度为 2 mA、20 mA 和 200 mA)连续调节输出的恒流电流值。

本恒流源虽有开路保护功能，但不应长期处于输出开路状态。

二、实验台测量仪表

实验台使用数字表与模拟指针表相结合的双显示新型仪表，兼具两种仪表的优良性能。仪表设有超量限以及极性接反报警及超限或反接超限次数自动记录装置，使用时应正确接线，合理选择量限，避免超限。数字表无须调节零点，指针表的零位可拨动仪表中部白色塑料刻槽片位置，指针表是特制磁电式带反光镜画框式仪表，读数时应保持眼、针、影在同一直线。应注意锁定数字表时接通电源，仪表可能会有不正常显示，只要复位即可正常。仪表接通或关断供电电源都需要 15 s 的预热和复位

时间。

1. 指针式交流电压表的使用与特点

开启电源总开关,本单元即可进入正常测量。测量电压范围为0～450 V,分五个量程挡:30 V、75 V、150 V、300 V和450 V,用琴键开关切换。在与本装置配套使用过程中,所有量程挡均有超量程保护和告警,并使控制屏上接触器跳闸的功能,此时,本单元的红色告警灯点亮,实验屏上的峰鸣器同时告警。在按过本单元的"复位"键后,蜂鸣告警停止,本单元的告警指示灯熄灭,电压表即可恢复测量功能。如要继续实验,则须再次启动控制屏。

2. 指针式交流电流表的使用与特点

电流测量范围为0～5 A,分四个量程挡:0.25 A、1 A、2.5 A和5 A,用琴键开关切换。其他使用方法与特点均与指针式交流电压表相同。

3. 直流数显电压表的使用

电压测量范围为0～1 000 V,分四个量程挡:2 V、20 V、200 V和1 000 V,用琴键开关切换,三位半数码管显示,输入阻抗为10 MΩ,测量精度为0.5级,有过电压保护功能。

4. 直流数显毫安表的使用

电流测量范围为0～200 mA,分三个量程挡:2 mA、20 mA和200 mA,用琴键开关切换,三位半数码管显示,测量精度为0.5级,有过电流保护功能。

5. 直流数显安培表的使用

电流测量范围为0～5 A,三位半数码显示,测量精度为0.5级,有过电流保护功能。

6. 单相智能功率、功率因数表的使用

当功率表按接线原理图接好后,接通电源,或按"复位"键后,面板上各LED数码管将循环显示"P",表示测试系统已准备就绪,进入初始状态。

面板上有5只按键,在实际测试过程中只用到"复位""功能""确认"三个键。

(1)"功能"键

"功能"键是仪表测试与显示功能的选择键。若连续按动该键七次,则5只LED数码管将显示七种不同功能的指示符号,7个功能符分述如表Y1-3-1所列。

表 Y1-3-1 7个功能符的显示和含义

次数	1	2	3	4	5	6	7
显示	P.	COS.	FUC.	CCP.	dA. CO	dSPLA.	PC.
含义	功率	功率因数及负载性质	被测信号频率	被测信号周期	数据记录	数据查询	升级后使用

(2) “确认”键

在选定上述前六个功能之一后，按一下“确认”键，该组显示器将切换显示该功能下的测试结果数据。

(3) “复位”键

在任何状态下，只要按一下此键，系统便恢复到初始状态。

(4) 具体的操作过程

① 接好线路→开机(或按“复位”键)→选定功能(前四个功能之一)→按“确认”键→待显示的数据稳定后，读取数据(功率单位为 W；频率单位为 Hz；周期单位为 ms)。

② 选定 dA. CO 功能→按“确认”键→显示 1(表示第一组数据已经存储好)。如重复上述操作，显示器将顺序显示 2，3，…，E，F，表示共记录并存储了 15 组测量数据。

③ 选定 dSPLA 功能→按“确认”键→显示最后一组存储的功率值→再按“确认”键，显示最后一组存储的功率因数值及负载性质(闪动位表示存储数据的组别；第二位显示负载性质，C 表示容性，L 表示感性；后三位为功率因数值)→再按“确认”键→显示倒数第二组的功率值……(显示顺序为从第 F 组到第一组)。可见，在需要查询结果数据时，每组数据须分别按动两次“确认”键，以分别显示功率和功率因数值及负载性质。

三、实验台使用注意事项

① 实验台使用前必须先检查地线是否牢固连接。

② 连接电源前应检查供电插座中性线通顺完好。

③ 电源总开关闭合前所有仪表电源开关、所有交流、直流开关均处于断开状态。

④ 三相四线制(或三相五线制)电源输入，总电源由三相钥匙开关控制，设有三相带灯熔断器作为短路保护和断相指示。

⑤ 控制屏电源由接触器通过启、停按钮进行控制。

⑥ 屏上装有电压型漏电保护装置，控制屏内或强电输出若有漏电现象，即告警并切断总电源，确保实验进程安全。

⑦ 各种电源及各种仪表均有一定的保护功能。

⑧ 装置应放置平稳，使用前应检查输入电源线是否完好，屏上开关是否置于“关”的位置，调压器是否回到零位。

⑨ 使用中，对各旋钮进行调节时，动作要轻，切忌用力过度，以防旋钮开关损坏。

⑩ 如遇电源、仪器及仪表不工作时，应关闭控制屏电源，检查各熔断器是否完好。

⑪ 更换挂箱时，动作要轻，防止强烈碰撞，以免损坏部件及影响外表等。

实验一　电路元件伏安特性的测绘

一、实验目的

① 学会识别常用电路元件的方法。

② 学习常用直流电工仪表和设备的使用方法。

③ 掌握线性电阻、非线性电阻元件伏安特性的测绘。

二、原理说明

电路的基本元件包括：电阻元件、电感元件、电容元件、独立电源元件、晶体二极管、双极型晶体管和绝缘栅型场效应晶体管等。为了实现某种应用目的，需要将某些电工、电子器件或设备按一定的方式互相连接，构成电路。其基本特征是电路中存在着电流的通路。

在电路中，电路元件的特性一般用该元件上的电压 U 与通过该元件的电流 I 之间的函数关系 $I=f(U)$ 来表示，这种函数关系称为该元件的伏安特性，有时也称为外部特性。通常用 $I-U$ 平面上的一条曲线来表征，这条曲线称为该元件的伏安特性曲线。电路元件的伏安特性可以用电压表、电流表测定，称为伏安测量法（或伏安表法）。由于仪表的内阻会影响到测量的结果，因此，必须注意仪表的合理接法。

本实验中所用到的元件为：线性电阻、照明灯、一般半导体二极管整流元件、稳压二极管及电源等常见的电路元件。

① 线性电阻器的伏安特性曲线是一条通过坐标原点的直线，如图 1-1-1 中的 a 曲线所示，该直线的斜率等于该电阻器的电阻值。

② 一般的照明灯在工作时灯丝处于高温状态，其灯丝电阻随着温度的升高而增大，通过照明灯的电流越大，其温度越高，阻值也越大。一般照明灯的"冷电阻"与"热电阻"的阻值可相差几倍至十几倍，所以它的伏安特性如图 1-1-1 中的 b 曲线所示。

③ 一般的半导体二极管是一个非线性电阻元件，其伏安特性如图 1-1-1 中的 c 曲线所示。正向压降很小（一般的锗管约为 0.2～0.3 V，硅管约为 0.5～0.7 V），正向电流随正向压降的升高而急骤上升，而反向电压从零一直增加到十多伏至几十伏时，其反向电流增加很小，粗略地可视为零。可见，二极管具有单向导电性，但反向电压加得过高，超过管子的极限值，则会导致管子击穿损坏。

④ 稳压二极管是一种特殊的半导体二极管，其正向特性与普通二极管类似，但其反向特性较特别，如图 1-1-1 中的 d 曲线所示。在反向电压开始增加时，其反向电流几乎为零，但反向电压增加到某一数值时电流将突然增加（这个值称为管子的稳

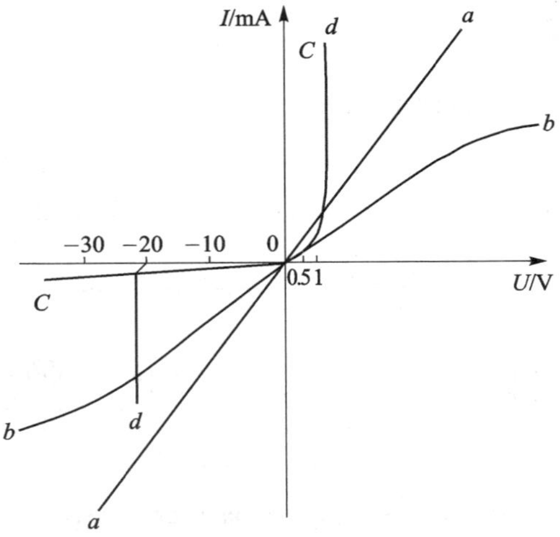

图 1-1-1 四种类型元件的伏安特性曲线

压值 U_Z，稳压管型号不同，稳压值也不同，对于 2CW14 型稳压管 U_Z 的稳压值在 6.5～7.5 V 之间)，以后它的端电压将基本维持恒定，当外加的反向电压继续升高而电流增大时其端电压仅有少量增加。

注意：流过二极管或稳压二极管的电流不能超过管子的极限值，否则管子会被烧坏。

三、实验设备

测量电路元件的伏安特性曲线所用设备列于表 1-1-1 中。

表 1-1-1 电路元件的伏安特性曲线测绘所用实验设备

序 号	名 称	型号与规格	数 量	备 注
1	可调直流稳压电源	0～30 V	1	
2	万用表	MF-47 或其他	1	自 备
3	直流数字毫安表	0～2 000 mA	1	
4	直流数字电压表	0～200 V	1	
5	二极管	1N4007	1	
6	稳压管	2CW14 2CW51 2CW53	1	参考值 6.5～7.5 V 3～4.0 V 4.5～5.8 V
7	照明灯	12 V,0.1 A	1	
8	线性电阻器	200 Ω,1 kΩ/8 W	1	

四、实验内容

1. 测定线性电阻器的伏安特性

按图 1-1-2 接线，调节稳压电源的输出电压 U，从 0 V 开始缓慢地增加，一直到 10 V，记下相应的电压表和电流表的读数 U_R、I，将数据填入表 1-1-2 中。

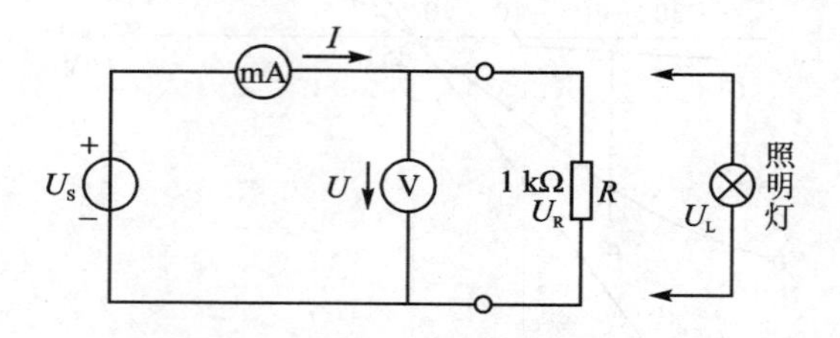

图 1-1-2 线性电阻和照明灯接线图

表 1-1-2 线性电阻的伏安特性测试实验数据

U_R/V	0	1	2	3	4	5	6	7	8	9	10
I/mA											

2. 测定非线性照明灯的伏安特性

将图 1-1-2 中的 R 换成一只 12 V、100 mA(12 V、64 mA)的照明灯，重复步骤 1。U_L 为灯的端电压，将数据填入表 1-1-3 中。

表 1-1-3 非线性照明灯的伏安特性实验数据

U_L/V	0	1	2	3	4	5	6	7	8	9	10	11	12
I/mA													

3. 测定半导体二极管的伏安特性

按图 1-1-3 接线，R 为限流电阻器。测二极管的正向特性时，其正向电流不得超过 35 mA，二极管 D 的正向施压 U_{D+} 可在 0～0.75 V 之间取值。在 0.5～0.75 V 之间应多取几个测量点，将数据填入表 1-1-4 中。测反向特性时，只需将图 1-1-3 中的二极管 D 反接，且其反向施压 U_{D-} 可达 30 V，将数据填入表 1-1-5 中。

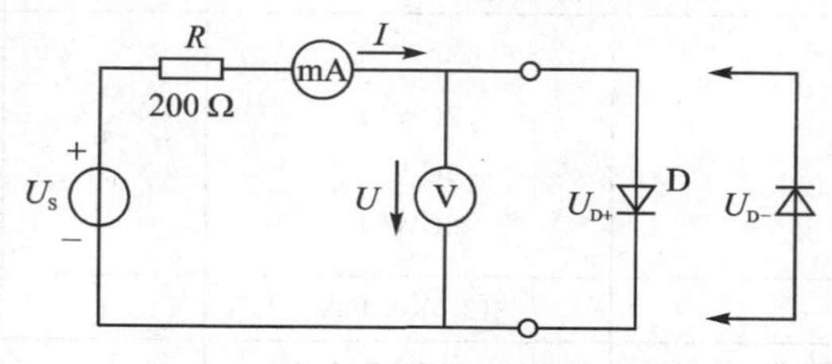

图 1-1-3 二极管和稳压管接线图

表 1-1-4　二极管正向特性实验数据

U_{D+}/V	0	0.20	0.40	0.50	0.55	0.60	0.65	0.70	0.75
I/mA									

表 1-1-5　二极管反向特性实验数据

U_{D-}/V	0	−5	−10	−15	−20	−25	−30
I/mA							

4. 测定稳压二极管的伏安特性

(1) 正向特性实验

将图 1-1-3 中的二极管换成稳压二极管,重复实验内容 3 中的正向测量。U_{Z+} 为稳压管的正向电压。将数据填入表 1-1-6 中。

表 1-1-6　稳压管正向特性实验数据

U_{Z+}/V	0	0.20	0.40	0.50	0.55	0.60	0.65	0.70	0.75
I/mA									

(2) 反向特性实验

将图 1-1-3 中的稳压管反接,测量反向特性。

调节稳压电源的输出电压 U_o,测量稳压管二端的电压 U_{Z-} 及电流 I,由 U_{Z-} 可看出其稳压特性。将数据填入表 1-1-7 中。

注意:试验台提供的稳压管型号是 2CW14,其稳压范围参考值是 6.5～7.5 V。当稳压电源的输出电压调到接近 7 V 时,改用微调调节电压输出,以免烧毁管子。如试验台提供的稳压管型号是 2CW53,其稳压范围参考值是 5.5～5.8 V,对应实验数据应在此范围内多测试几组数据。如果稳压管型号是 2CW51,其稳压范围内的参考值是 3～4.0 V,对应实验数据应在此范围内多测试几组数据,参考表 1-1-8。如果 U_Z 端的电压加不到工作电压值,则可更改图中限流电阻,即选择小于 200 Ω 便可。

表 1-1-7　稳压管 2CW14 反向特性实验数据

U_{Z-}/V	0	−2	−4	−6	−6.5	−6.8	−7	−7.2	−7.4	−7.5	−7.6
I/mA											

表 1-1-8　稳压管 2CW51 反向特性实验数据

U_{Z-}/V	0	−1	−2	−3	−3.5	−3.7	−3.8	−3.9	−4	−4.1	−4.2
I/mA											

五、实验注意事项

① 测二极管正向特性时，稳压电源输出应由小至大逐渐增加，应时刻注意电流表读数，最好不超过 35 mA。

② 进行不同实验时，应先估算电压和电流值，合理选择仪表的量程，勿使仪表超量程，且仪表的极性亦不可接错。

③ 稳压电源的输出应由小至大逐渐增大，输出端切勿碰线短路；稳流电源不能开路，以免损坏电源设备。

④ 记录实验所用仪表的量程和内阻值，以备分析测量误差。

⑤ 对于任何电工和电子元器件或设备都要了解其额定电压、额定电流、额定功率的大小，在使用时实际消耗的功率或流过的电流不允许超过额定值，要按照规定条件正确使用，以防损坏元器件或设备。

六、预习思考题

① 线性电阻与非线性电阻的概念是什么？电阻器与二极管的伏安特性有何区别？

② 设某器件伏安特性曲线的函数式为 $I=f(U)$，试问在逐点绘制曲线时，其坐标变量应如何放置？

③ 稳压二极管与普通二极管有何区别，其用途如何？

④ 在图 1-1-3 中，设 $U_S=2$ V，$U_{D+}=0.7$ V，则毫安(mA)表读数为多少？

七、实验报告要求

① 根据各实验数据，分别在方格纸上绘制出光滑的伏安特性曲线。其中，二极管和稳压管的正、反向特性均要求画在同一张图中，正、反向电压可取为不同的比例尺。

② 根据实验结果，总结、归纳被测各元件的伏安特性。

③ 进行必要的误差分析。

实验二　验证基尔霍夫定律

一、实验目的

① 验证基尔霍夫定律的正确性,加深对基尔霍夫定律的理解。

② 练习使用仪器、仪表,学会用电流插头、插座测量各支路电流的方法。

二、原理说明

基尔霍夫定律是电路理论中最基本的定律之一,它阐明了电路整体结构必须遵守的规律,应用极为广泛。基尔霍夫定律有两条,即基尔霍夫电流定律(简称 KCL)和基尔霍夫电压定律(简称 KVL)。

1. 基尔霍夫电流定律

在任一时刻,流入电路中任一节点的电流总和等于流出该节点的电流总和,换句话说就是在任一时刻,电路中任一节点的电流的代数和为零。这一定律实质上是电流连续性的表现。运用这条定律时必须注意电流的方向,如果不知道电流的真实方向时可以先假设每一电流的正方向(也称参考方向),根据参考方向就可写出基尔霍夫的电流定律表达式。如图 1-2-1 所示,电路中某一节点 N,共有五条支路与它相连,五个电流的参考方向见图 1-2-1,根据基尔霍夫定律就可写出:$I_1+I_2+I_3+I_4+I_5=0$。

如果把基尔霍夫定律写成一般形式,即为 $\sum I=0$。显然,这条定律与支路上接的元件无关,不论是线性电路还是非线性电路,都是普遍适用的。

电流定律原是运用于某一节点的,也可以把它推广运用于电路中的任一假设的封闭面,如图 1-2-2 所示。封闭面 S 所包围的电路有三条支路,并与电路其余部分相连接,其电流为 I_1,I_2,I_3,则 $I_1+I_2-I_3=0$,因为对任一封闭面来说,电流仍然必须是连续的。

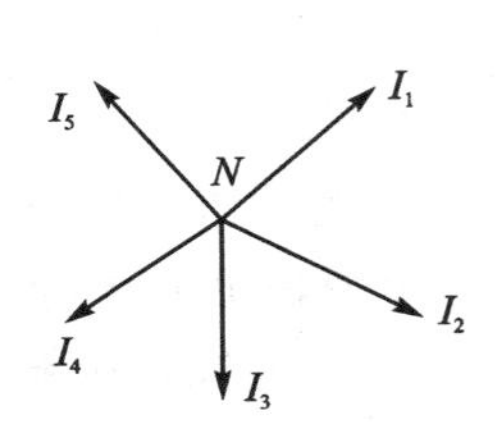

图 1-2-1　KCL 的电流方向

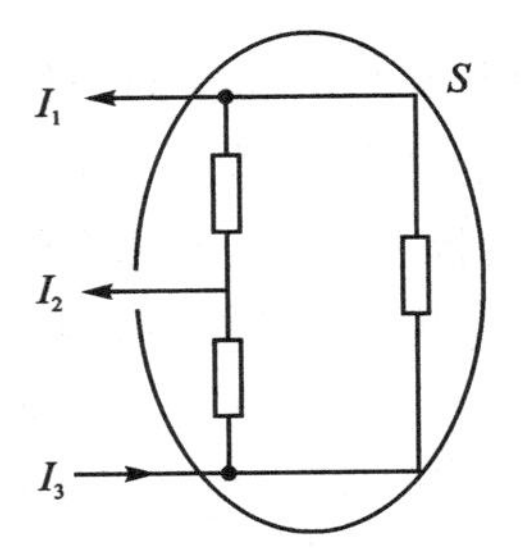

图 1-2-2　广义的 KCL

2. 基尔霍夫电压定律

在任一时刻，沿任一闭合回路电压降的代数和总等于零。把这一定律写成一般形式，即为 $\sum U=0$，例如在图 1－2－3 所示的闭合回路中，电阻两端的电压参考正方向如箭头所示，如果从节点 a 出发，顺时针方向绕行一周又回到 a 点，便可写出

$$U_1+U_2+U_3-U_4-U_5=0$$

显然，基尔霍夫电压定律也是和沿闭合回路上元件的性质无关，因此，不论是线性还是非线性电路，都是普遍适用的。

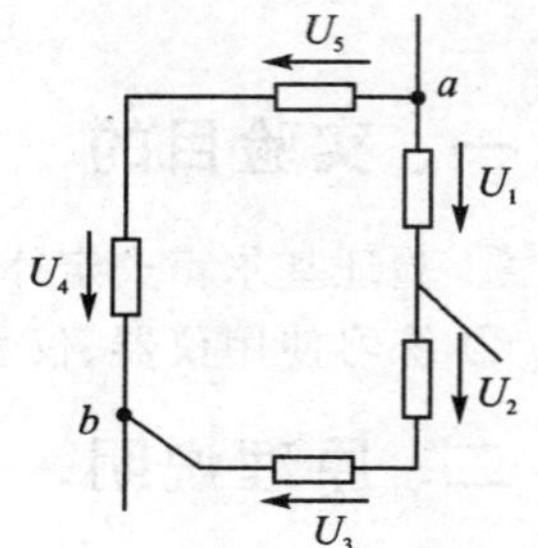

图 1－2－3 KVL 的电压方向

三、实验设备

检验基尔霍夫定律所用设备列于表 1－2－1 中。

表 1－2－1 基尔霍夫定律所用实验设备表

序 号	名 称	型号与规格	数 量	备 注
1	直流可调稳压电源	0～30 V	二路	
2	万用表		1	自备
3	直流数字电压表	0～200 V	1	
4	实验电路板		1	D－02

四、实验内容

① 选实验台上左下角的直流稳压电源，分别调整电压为＋6 V、＋12 V（注意要用直流电压表校准）。

② 选实验台上的基尔霍夫定律/叠加原理实验板，按照图 1－2－4 所示实验线路接线验证基尔霍夫的两条定律。

③ 先设定三条支路的电流参考方向，如图 1－2－4 所示的 I_1、I_2 和 I_3。设定闭合回路的循行方向，如 $FADEF$、$BADCB$ 和 $FBCEF$。

④ 熟悉电流测试插头的结构：将带有电流插头的线的两端接至电流表的＋、－两端，把电流插头分别插入三个支路的三个电流插座中，读出并记录电流值。要注意插头连接时的极性，插口一侧有红点标记应与插头红线对应。

⑤ 用直流电压表分别测量两路电源及电阻元件上的电压值，记入表 1－2－2 中。

图中：$E_1=+6$ V、$E_2=+12$ V 为实验台上稳压电源输出电压，实验中调节好后保持不变；R_1、R_2、R_3、R_4、R_5 为固定电阻，精度 1.0 级。实验时各条支路电流用直流电流表测量，测量电流时只要把电流表所连接的插头插入即可读数。

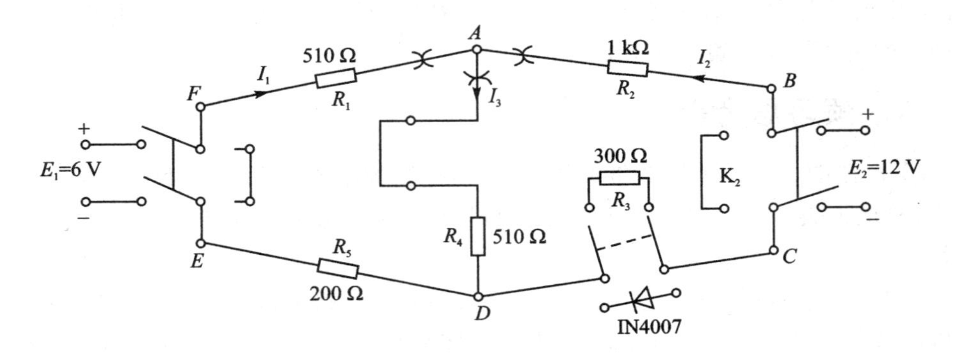

图 1-2-4　基尔霍夫两条定律实验线路

表 1-2-2　基尔霍夫定律实验数据

被测量	I_1/mA	I_2/mA	I_3/mA	E_1/V	E_2/V	U_{FA}/V	U_{AB}/V	U_{AD}/V	U_{CD}/V	U_{DE}/V
计算值										
测量值										
相对误差										

五、实验注意事项

① 所有需要测量的电压值，均以电压表测量的读数为准。E_1、E_2 也需测量，不应取电源本身的显示值。

② 防止稳压电源两个输出端碰线短路。

③ 用指针式电压表或电流表测量电压或电流时，如果仪表指针反偏，则必须调换仪表极性，重新测量。此时指针正偏，可读得电压或电流值。若用数字显示电压表或电流表测量，则可直接读出电压或电流值。但应注意：所读得的电压或电流值是否正确，正、负号应根据设定的电流参考方向来判断。

④ 电流的测量：在实验中要用到测试电流插孔和插头、电流测试孔与电流表配合使用可以实现一表多用，其结构如图 1-2-5 所示。测量前电路中的电流自 A 点经过互相接触的金属簧片 1 和 2 流到 B 点，当测量电流时将连接到电流表上的插头

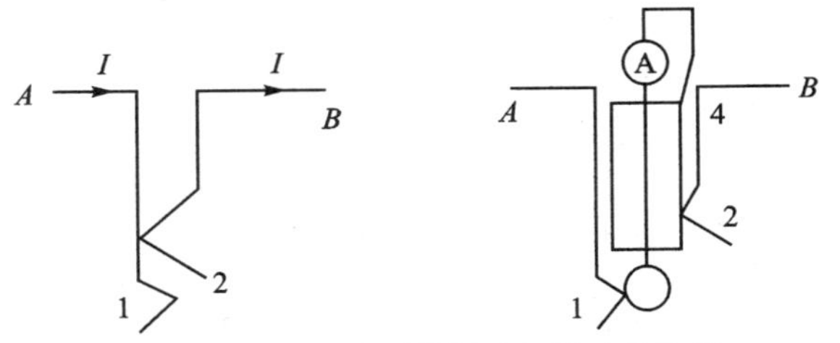

图 1-2-5　电流测量插孔与插头结构图

4 插入电流插孔中，这样电流经 A、簧片 1 和插头顶端的金属圆球流经电流表，然后由插头的金属杆 4 和簧片 2 流到 B 点。

六、预习思考题

① 根据图 1-2-4 的电路参数，计算出待测的电流 I_1、I_2、I_3 和各电阻上的电压值，并记入表 1-2-2 中，以便实验测量时，可正确地选定毫安表和电压表的量程。

② 实验中，若用指针式万用表直流毫安挡测各支路电流，在什么情况下可能出现指针反偏，应如何处理？在记录数据时应注意什么？若用直流数字毫安表进行测量时，则会有什么显示呢？

七、实验报告要求

① 根据实验数据，选定节点 A，验证 KCL 的正确性。

② 根据实验数据，选定实验电路中的任一个闭合回路，验证 KVL 的正确性。

③ 重新设定支路和闭合回路的电流方向，重复①、②两项验证。

④ 进行误差原因分析。

实验三　验证戴维南定理和诺顿定理

一、实验目的

① 验证戴维南定理和诺顿定理的正确性，加深对该定理的理解。

② 掌握测量有源二端网络等效参数的一般方法。

③ 进一步学习常用直流仪器、仪表的使用方法。

二、原理说明

1. 戴维南定理和诺顿定理

戴维南定理和诺顿定理是分析简化复杂线性网络电路的一种有效方法。

任何一个线性含源网络，如果仅研究其中一条支路的电压和电流，则可将电路的其余部分看做是一个有源二端网络（或称为含源一端口网络）。

戴维南定理指出：任何一个线性有源二端网络，总可以用一个电压源与一个电阻的串联来等效代替，此电压源的电动势 U_S 等于这个有源二端网络的开路电压 U_{oc}，其等效内阻 R_0 等于该网络中所有独立源均置零（理想电压源视为短接，理想电流源视为开路）时的等效电阻。

诺顿定理指出：任何一个线性有源网络，总可以用一个电流源与一个电阻的并联组合来等效代替，此电流源的电流 I_S 等于这个有源二端网络的短路电流 I_{sc}，其等效内阻 R_0 的定义与戴维南定理相同。

$U_{oc}(U_S)$ 和 R_0 或者 $I_{sc}(I_S)$ 和 R_0 称为有源二端网络的等效参数。

2. 有源二端网络等效参数的测量方法

(1) 用开路电压、短路电流法测有源二端网络等效电阻 R_0

在有源二端网络输出端开路时，用电压表直接测其输出端的开路电压 U_{oc}，然后再将其输出端短路，用电流表测其短路电流 I_{sc}，则等效内阻为

$$R_0 = \frac{U_{oc}}{I_{sc}}$$

如果二端网络的内阻很小，若将其输出端口短路，则易损坏其内部元件，因此不宜用此法。

(2) 用伏安法测 R_0

用电压表、电流表测出有源二端网络的外特性曲线，如图 1-3-1 所示。根据外特性曲线求出斜率 $\tan\varphi$，则内阻为

$$R_0=\tan\varphi=\frac{\Delta U}{\Delta I}=\frac{U_{oc}}{I_{sc}}$$

也可以先测量开路电压 U_{oc}，再测量电流为额定值 I_N 时的输出端电压值 U_N，则内阻为

$$R_0=\frac{U_{oc}-U_N}{I_N}$$

(3) 用半电压法测 R_0

如图 1-3-2 所示，当负载电压为被测网络开路电压的一半时，负载电阻(由电阻箱的读数确定)即为被测有源二端网络的等效内阻值。

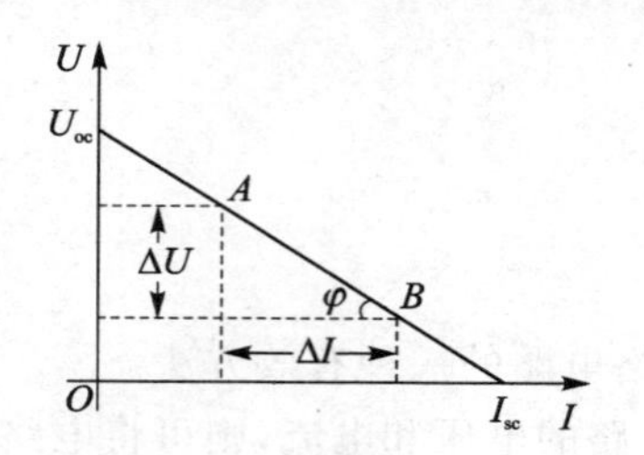

图 1-3-1 有源二端网络外特性

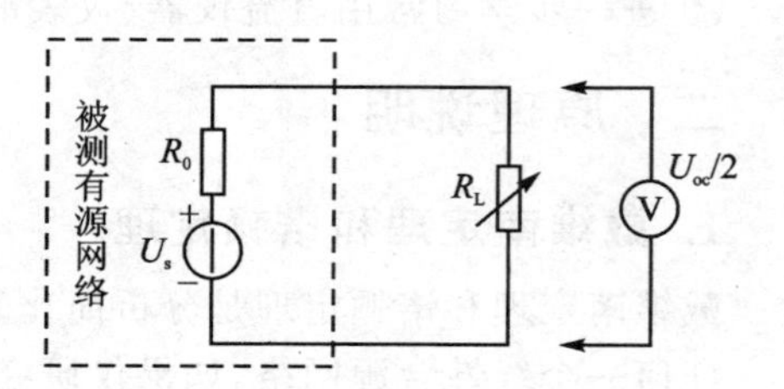

图 1-3-2 半电压法

(4) 用零示法测 U_{oc}

在测量具有高内阻有源二端网络的开路电压时，用电压表直接测量会造成较大的误差。为了消除电压表内阻的影响，往往采用零示测量法，如图 1-3-3 所示。

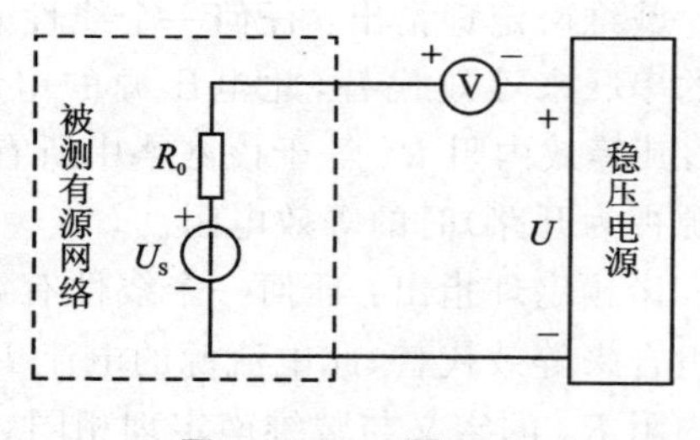

图 1-3-3 零示法

零示法测量原理是用一低内阻的稳压电源与被测有源二端网络进行比较，当稳压电源的输出电压与有源二端网络的开路电压相等时，电压表的读数为“0”。然后将电路断开，测量稳压电源的输出电压，即为被测有源二端网络的开路电压。

三、实验设备

有源二端网络等效参数的测定所需设备如表 1-3-1 所列。

表 1-3-1 有源二端网络等效参数的测定实验设备

序 号	名 称	型号与规格	数 量	备 注
1	可调直流稳压电源	0～25 V	1	
2	可调直流恒流源	0～200 mA	1	

续表 1-3-1

序　号	名　称	型号与规格	数　量	备　注
3	直流数字电压表		1	
4	直流数字毫安表		1	
5	可调电阻箱	0～99 999.9 Ω	1	D-01
6	可调电位器	1 kΩ	1	D-02

四、实验内容

被测有源二端网络如图 1-3-4 所示。

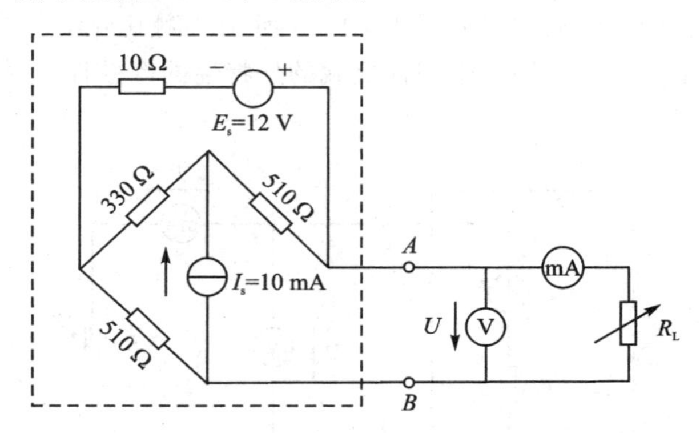

图 1-3-4　被测的有源二端网络线路

1. 用开路电压、短路电流法测定戴维南等效电路的 U_{oc}、R_0 和诺顿等效电路的 I_{sc}、R_0

按图 1-3-4 接入稳压电源 $E_S=12$ V 和恒流源 $I_S=10$ mA，断开 A、B 之间 R_L，测出 A、B 之间开路电压即为 U_{oc}；A、B 之间短接，则测出短路电流即为 I_{sc}，并计算出 R_0（测 U_{oc} 时，不接入毫安表）。

2. 负载实验

按图 1-3-4 接入 R_L（可变电阻箱提供）。改变可变电阻箱 R_L 阻值，测量有源二端网络的外特性曲线，并将数据记入表 1-3-2 中。特别注意测出 $R_L=0$ 及 $R_L=\infty$ 时对应的电流、电压含义。

表 1-3-2　有源二端网络外特性实验数据

R_L/Ω	0	200	400	600	800	1 000	3 000	5 000	7 000	9 000	∞
U_{AB}/V											
I_R/mA											

3. 验证戴维南定理

(1) 测量有源二端网络等效电阻

有源二端网络等效电阻又称入端电阻,其电路如图 1-3-4 所示。将被测有源网络内的所有独立源置零(去掉电流源 I_S 和电压源 U_S,并在原电压源所接的两点用一根短路导线相连),然后用伏安法或者直接用万用表的欧姆挡去测定负载 R_L 开路时 A、B 两点间的电阻,此即为被测网络的等效内阻 R_0,或称网络的入端电阻 R_i。

(2) 戴维南等效电路代替有源二端网络

调节可调电位器阻值为等效电阻 R_0 之值,调节直流稳压电源取值为步骤 1 时所测得的开路电压 U_{oc} 之值,两者串联连接形成简单支路为戴维南等效支路,该支路再连接步骤 2 中相同的负载 R_L,如图 1-3-5 所示。测其外特性,对比数据观察简单含源支路与复杂含源二端网络带同样负载的外特性的等效性。对戴氏定理进行验证,并将数据记入表 1-3-3 中。

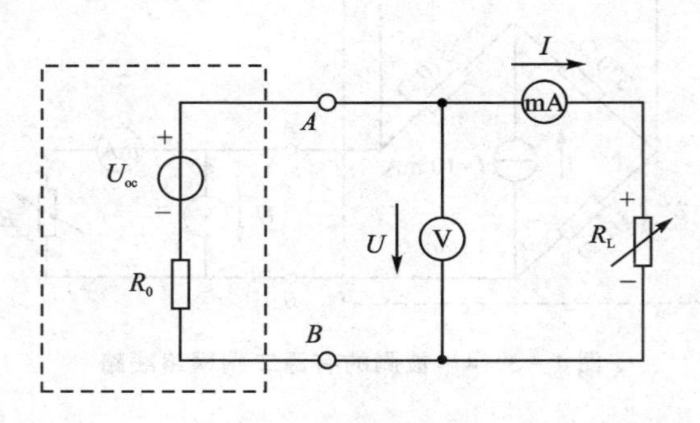

图 1-3-5 戴维南定理接线图

表 1-3-3 验证戴维南定理实验数据

R_L/Ω	0	200	400	600	800	1 000	3 000	5 000	7 000	9 000	∞
U_{AB}/V											
I_R/mA											

4. 验证诺顿定理

调节可调电位器阻值为等效电阻 R_0 之值,然后令其与直流恒流源(调到步骤 1 所测得的短路电流 I_{sc} 之值)相并联,如图 1-3-6 所示。仿照步骤 2 测其外特性,比较外特性的等效性,对诺顿定理进行验证,并将数据记入表 1-3-4 中。

表 1-3-4 验证诺顿定理实验数据

R_L/Ω	0	200	400	600	800	1 000	3 000	5 000	7 000	9 000	∞
U_{AB}/V											
I_R/mA											

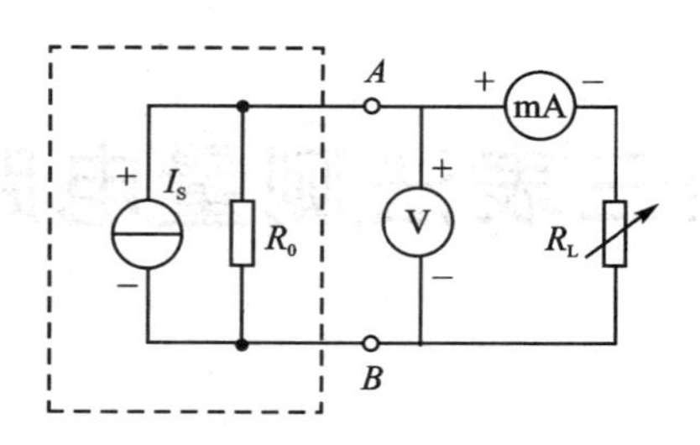

图 1-3-6　诺顿定理接线图

五、实验注意事项

① 测量时应注意电流表量程的更换。

② 步骤③中测等效电阻时,电压源置零时不可将稳压源短接。

③ 用万用表直接测 R_0 时,网络内的独立源必须先置零,以免损坏万用表。其次,欧姆挡必须经调零后再进行测量。

④ 用零示法测量 U_{oc} 时,应先将稳压电源的输出调至接近于 U_{oc},再按图 1-3-3 线路测量。

⑤ 改接线路时,要关掉电源。

六、预习思考题

① 在求戴维南或诺顿等效电路时,做短路实验,测量 I_{sc} 的条件是什么?在本实验中可否直接做负载短路实验?实验前对图 1-3-4 应预先做好计算,以便调整实验线路及测量时可准确地选取电表的量程。

② 说明测有源二端网络的开路电压及等效内阻的几种方法,并比较其优缺点。

七、实验报告要求

① 根据步骤 2、3、4,分别绘出曲线,验证戴维南定理和诺顿定理的等效性,并分析产生误差的原因。

② 根据实验中的几种方法测得的 U_{oc} 与 R_0 与预习时电路理论分析计算的结果做比较,能得出什么结论。

③ 归纳、总结实验结果。

实验四　用三表法测量电路等效参数

一、实验目的

① 学习用交流电压表、交流电流表和功率表测量元件的交流等效参数的方法。

② 掌握功率表的使用方法。

二、原理说明

1. 正弦交流信号的基本参数

正弦交流信号激励下，可以用交流电压表、交流电流表及功率表分别测量出元件两端的电压 U，流过该元件的电流 I 和它所消耗的功率 P，然后通过计算得到所求的各值，这种方法称为三表法。三表法是测量交流电路参数的基本方法。

计算的基本公式为：

阻抗的模　$$|Z|=\frac{U}{I}$$

电路的功率因数　$$\cos\varphi=\frac{P}{UI}$$

等效电阻　$$R=\frac{P}{I^2}=|Z|\cos\varphi$$

等效电抗　$$X=|Z|\sin\varphi$$

或　$$X=X_L=2\pi fL,\quad X=X_C=\frac{1}{2\pi fC}$$

2. 阻抗性质的判别方法

可用在被测元件两端并联电容或将被测元件与电容串联的方法来判别。其原理如下：

① 在被测元件两端并联一只适当小容量的试验电容，若串接在电路中电流表的读数增大，则被测阻抗为容性，电流减小则为感性。

假设待测定的元件 Z 为感性，C 为试验小容量电容器。图 1－4－1(a)是实验电路图，图 1－4－1(b)是向量分析图，图 1－4－1(c)是并联电容后的电流变化与并联 C 的函数关系图。

② 利用示波器测量阻抗元件的电流 i 与电压 u 之间的相位关系来判断是容性、感性还是阻抗。若 i 超前于 u，为容性；i 滞后于 u，则为感性。

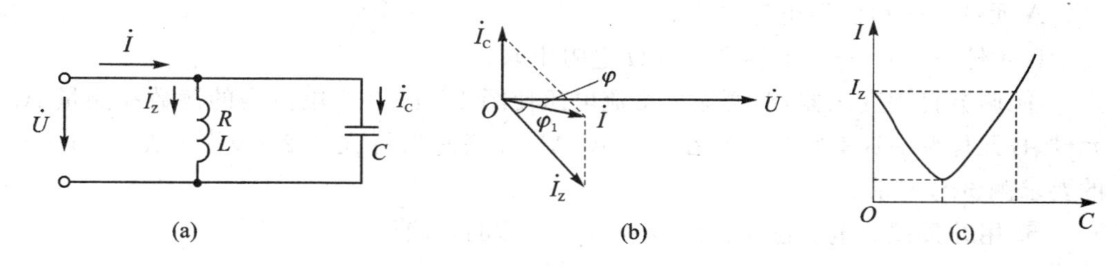

图 1-4-1 并联电容判断阻抗的性质分析图

3. 功率表的使用

本实验所用的功率表为智能交流功率表,其电压接线端应与负载并连接入,电流接线端应与负载串连接入。

三、实验设备

用三表法测量交流电路等效参数所需设备见表 1-4-1。

表 1-4-1 三表法测量交流电路等效参数实验设备

序 号	名 称	型号与规格	数 量	备 注
1	交流电压表	0～500 V	1	
2	交流电流表	0～5 A	1	
3	功率表	0～450 V,0～5 A	1	
4	单相可调电源	0～250 V	1	
5	电感线圈	L:镇流器	1	DGJ-04
6	电 阻	200 Ω		D-01
7	电容器	2.2 μF/500 V	1	DGJ-04.05
		0.47 μF /500 V	1	
		4 μF /500 V	1	
		4.7 μF/500 V	1	

四、实验内容

测试线路如图 1-4-2 所示。

① 按图 1-4-2 接线,并经指导教师检查后,方可接通 220 V 电源。

② 分别测量 A 元件和 B 元件的等效参数,记入表 1-4-2 中。

③ 测量 A、B 串联与并联后的等效参数。

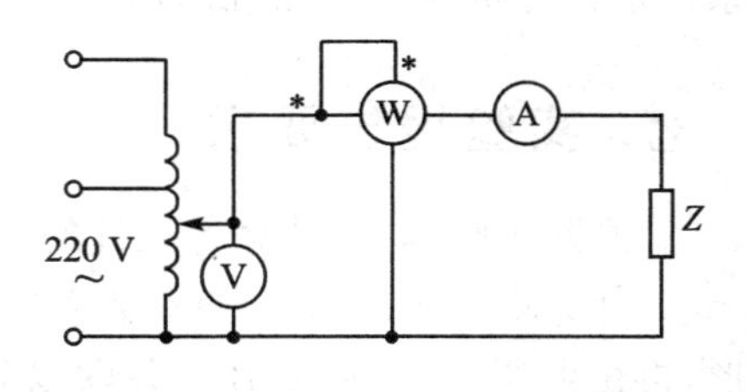

图 1-4-2 三表法测量线路图

A 元件——镇流器电感线圈。

B 元件——4.7 μF 电容和 200 Ω 电阻串联。

④ 调节自耦变压器，改变输入交流电压使图 1－4－2 中电流表的读数在测量 A 元件、B 元件及 AB 串联时保持在 0.1 A，AB 并联时保持在 0.2 A，并按表 1－4－2 的要求测试与记录。

⑤ 用并接试验电容法验证和判别负载性质的正确性。

表 1－4－2　三表法测量交流电路等效参数实验数据

被测阻抗	测量值				计算值		电路等效参数			并联电容
	U/V	I/A	P/W	$\cos\varphi$	Z/Ω	$\cos\varphi$	R/Ω	L/mH	C/μF	
A		0.1							—	
B		0.1						—		
AB 串联		0.1						—		
AB 并联		0.2							—	

五、实验注意事项

① 本实验直接用 220 V 交流电源供电，实验中要特别注意人身安全，不可用手直接触摸通电线路的裸露部分，以免触电，进实验室应穿绝缘鞋。

② 自耦调压器在接通电源前，应将其手柄置在零位上，调节时，使其输出电压从零开始逐渐升高。每次改接实验线路，都必须先将其旋柄慢慢调回零位，再断电源。必须严格遵守这一安全操作规程。

③ 实验前应查阅智能交流功率表的使用说明，熟悉其使用方法，选定合适的量程。

④ 功率表的电压线圈与电流线圈同名端接线时要连接在一起。

六、预习思考题

① 在 50 Hz 的交流电路中，测得一只铁芯线圈的 P、I 和 U 值，如何算得它的阻值及电感量？

② 如何用串联电容的方法来判别阻抗的性质？试用 I 随 X'_C（串联容抗）的变化关系作定性分析，证明串联试验时，C' 满足 $\frac{1}{\omega C'} < |2X|$。

七、实验报告要求

① 根据实验数据，计算各元件的等值参数。

② 由实测的元件 A、B 的参数做出 A、B 串联时的阻抗三角形和并联时的导纳三角形，再由测得的元件 A、B 串并联以后的参数做出其阻抗三角形和导纳三角形，对两者进行比较（注意坐标比例要选择适当）。

实验五　功率因数的提高

一、实验目的

① 熟悉荧光灯的接线，做到能正确迅速连接电路。

② 通过实验了解提高功率因数的意义。

③ 熟练功率表的使用。

二、原理说明

1. 提高功率因数的意义

在正弦交流电路中，电源发出的功率 $P=UI\cos\varphi$。其中 $\cos\varphi$ 称为功率因数，φ 为总电压与总电流之间的相位差，即负载的阻抗角。发电设备将电能输送给用户，用户负载大多数为感性负载(如电动机、荧光灯等)。感性负载的功率因数较低，会引起以下两个问题。

(1) 发电设备的容量不能充分利用

发电设备的容量 $S=UI$。在额定工作状态时，发电设备发出的有功功率 $P=UI\cos\varphi$，只有在电阻性负载(如照明灯、电炉等)电路中 $\cos\varphi=1$，而对于感性负载，$\cos\varphi<1$，电路中会出现负载与电源之间无功能量的交换，电源就要发出一个无功功率 $Q=UI\sin\varphi$。电源在输出同样的额定电压 u 与额定电流 i 的情况下，功率因数越小，发出的有功功率 P 就越小，造成发电设备的容量不能充分利用。

(2) 增加线路和发电设备的损耗

当发电机的电压 u 和输出功率 P 一定时，$\cos\varphi$ 越低，电流 i 越大，将引起线路和发电设备损耗的增加。

综上所述，提高电网的功率因数，对于降低电能损耗、提高发电设备的利用率和供电质量具有重要的经济意义。

2. 提高功率因数的方法

针对实际用电负载多为感性、功率因数较低的情况，简单而又易于实现的提高功率因数的方法就是在负载两端并联电容器。

负载电流中含有感性无功电流分量，并联电容器的目的就是取其容性无功电流分量补偿负载感性无功电流分量。如图 1－5－1 所示，并联电容器以后，电感性负载本身的电流 $\dot{I}_L$ 和负载的功率因数 $\cos\varphi_1$ 均未改变，但电源电压 $\dot{U}$ 与线路电流 $\dot{I}$ 之间的相位差 φ 减小了，即 $\cos\varphi$ 增大了。这里所说的功率因数的提高，指的是提高电源或电网的功率因数,而负载本身的功率因数不变。改变电容器的数值可以实现不同程度的补偿,合理地选取电容的数值,便可达到所要求的功率因数。

注意,感性负载端并联电容值容量逐渐增加时,电容支路电流 $I_C = CL_1$ 也随之增加,因 I_C 相位超前 U_C 90°,可以抵消 I_L 的部分无功分量,使总电流 I 减小,但如果电容器 C 增加过多(过补偿)也会引起总电流增大。

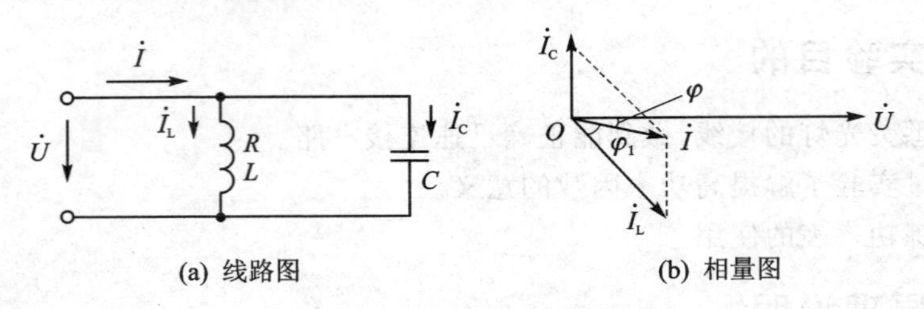

图 1-5-1 并联电容提高功率因数

实验中以荧光灯(连同镇流器)作为研究对象,荧光灯电路属于感性负载,但镇流器有铁芯,它与线性电感线圈有一定差别,严格地说,荧光灯电路为非线性负载。

3. 荧光灯电路结构和工作原理

荧光灯电路由灯管、启辉器和镇流器组成,如图 1-5-2 所示。

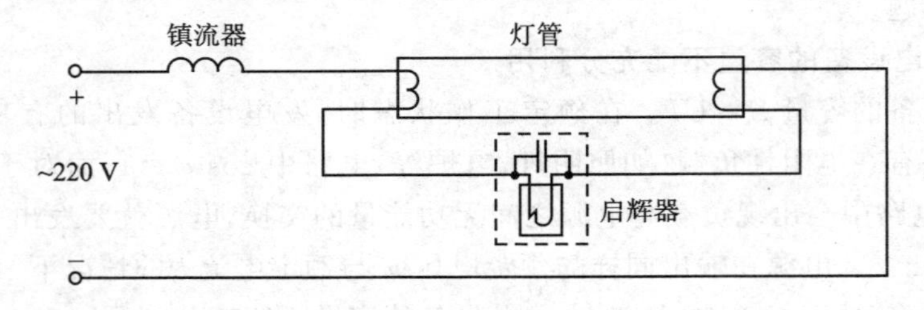

图 1-5-2 荧光灯电路结构图

(1) 灯 管

荧光灯灯管两端装有发射电子用的灯丝,管内充有惰性气体及少量的水银蒸气,管内壁上涂有一层荧光粉。当灯管两端灯丝被加热并在两端加上较高电压时,管内水银蒸气在电子的撞击下游离放电,产生弧光。弧光中的射线射在管壁的荧光粉上就会激励发光。灯管在放电后只需较低的电压就能维持其继续放电。因而要使荧光灯管正常工作,则必须在启动时产生一个瞬时较高电压,而在灯亮后又能限制其工作电流,维持灯管两端有较低电压。

(2) 启辉器(跳泡)

它是一个小型辉光放电管,管内充有氖气。它有两个电极:一个是由膨胀系数不同的 U 型双金属片组成,称可动电极;另一个是固定电极。为了避免在断开时产生火花烧毁电极,通常并联一只小电容。启辉器实际上起一个自动开关的作用。

(3) 镇流器

它是一个带铁芯的电感线圈。它的作用是在荧光灯启动时产生一个较高的自感电动势去点燃灯管,灯管点燃后它又限制通过灯管的电流,使灯管两端维持较低的电压。

在接通电源瞬间,由于启辉器是断开的,荧光灯电路中并没有电流。电压全部加在启辉器两极间,使两极间气体游离,产生辉光放电。此时两极发热,U 型双金属片受热膨胀,与固定电极接触。这时电路构成闭合回路,于是电流通过灯丝使灯丝加热,为灯丝发射电子准备了条件。

启辉器两极接触时,两极间电压就下降为零,辉光放电立即停止。金属片冷却收缩,与固定电极断开。在断开的瞬间电路中电流突然下降为零,于是在镇流器两端产生一个较高的自感电动势。它与电源一起加在灯管两端,使灯管内水银蒸气游离放电。放电发出的射线使管内壁的荧光粉发出可见光,此时启辉器已不再起作用了,电流直接通过灯管与镇流器构成闭合回路。镇流器起限流作用,使灯管两端电压能维持自身放电即可。

三、实验设备

提高功率因数的测试所需设备如表 1－5－1 所列。

表 1－5－1　功率因数提高实验设备

序　号	名　称	型号与规格	数　量	备　注
1	交流电压表	0～500 V	1	
2	交流电流表	0～5 A	1	
3	功率表		1	
4	单相可调电源	0～250 V	1	
5	镇流器(电感线圈)	与 20 W 荧光灯配用	1	D－04－D06
6	电容器组	0.47 μF,1 μF,2.2 μF,4.7 μF 等	各 1	D－04－D06

四、实验内容

① 将荧光灯及可变电容箱元件按图 1－5－3 所示电路连接。在各支路串联接入电流表插座,再将功率表接入线路,按图接线并经检查后,接通电源,电压增加至 210 V。

② 改变可变电容箱的电容值,先使 $C=0$,测量电源电压 U、镇流器二端的电压 U_L、荧光灯灯管二端的电压 U_A,读取总电流 I 及功率表读数 P。

③ 逐渐增加电容 C 的数值,测量电源电压 U、镇流器二端的电压 U_L、荧光灯灯管二端的电压 U_A,读取电流 I 及功率表读数 P。电容值不要超过 7 μF,否则电容电流过大,并将实验数据记录在表 1－5－2 中。

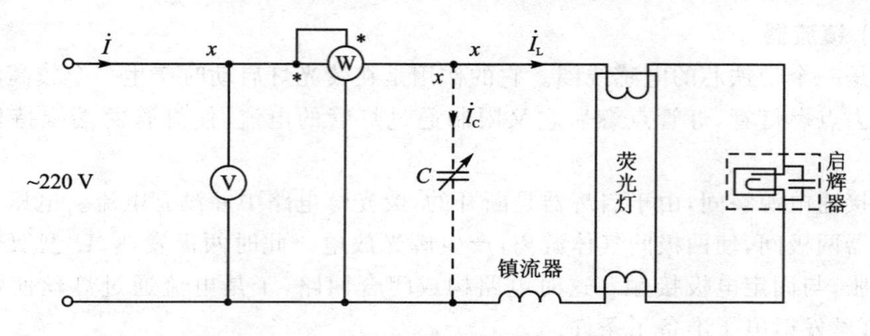

图 1-5-3 功率因数提高实验接线图

表 1-5-2 功率因数提高实验数据

电容/μF	总电压 U/V	镇流器 U_L/V	灯管 U_A/V	总电流 I/mA	电容 I_C/mA	灯管 I_L/mA	功率 P/W	cos φ (计算值)
0(不并联)								
0.47								
1.0								
1.47								
2.2								
3.2								
3.67								
4.4								
4.7								
5.7								

五、实验注意事项

① 电流的测量：电路接线时分别在总支路、电容支路、灯管支路串接一个电流测试孔，便于用一个交流电流表进行三个支路电流参数的测量。

② 荧光灯电路是一个复杂的非线性电路，原因有二：其一是灯管在交流电压接近零时熄灭，使电流间隙中断；其二是镇流器为非线性电感。荧光灯管功率（本实验中荧光灯标称功率 20 W）及镇流器所消耗功率都随温度而变，在不同环境温度及接通电路后不同时间中功率会有所变化。

③ 荧光灯启动电压随环境温度会有所改变，一般在 180 V 左右，荧光灯启动时电流较大（约 0.6 A），工作时电流约 0.37 A，注意仪表量限选择。

④ 本实验中荧光灯电路标明在 D－04 实验板上，实验时将双向开关扳向“外接 220 V 电源”一侧；当开关扳向“内接电源”时表明内部已将 220 V 电源接至荧光灯作为平时照明光源之用。灯管两端电压及镇流器两端电压可在板上接线插口处测量。

⑤ 功率表的同名端按标准接法连接在一起,否则功率表中模拟指针表反向偏转,数字表则无显示。使用功率表测量时必须按下相应电压、电流量限开关,否则可能会有不适当显示。为保护功率表中指针表开机受冲击,JDW－32型功率表采用指针表开机延时工作方式,仪表通电后约10 s时间两表自动进入同步显示。

⑥ 使用功率与功率因数组合表时,电流部分的量限在启动时应在4 A,正常工作后应在0.4 A。功率因数表动作范围是量限的10 %至120 %。

⑦ 本实验若数据不符合理论规律,首先检查供电电源波形是否过分畸变,因目前电网波形高次谐波分量相当高,装电源进线滤波器是有效措施。

六、预习思考题

① 日光灯感性负载并联电容后,电路中发生变化的参数有哪些?不变的参数有哪些?分析原因。

② 日光灯感性负载并联电容后,是否一定会使电路总电流减小?试结合相量图进行分析说明。

七、实验报告要求

① 完成实验数据测试,列表记录并对实验数据进行分析。

② 绘出总电流 $i=f(C)$ 曲线,并分析讨论。

③ 绘出 $\cos\varphi=f(C)$ 曲线,并分析讨论。

实验六 RC 选频网络特性测试

一、实验目的

① 熟悉文氏电桥电路的结构特点及其应用。

② 学会用交流毫伏表和示波器测定文氏电桥电路的幅频特性和相频特性。

二、原理说明

文氏电桥电路是一个 RC 的串、并联电路，如图 1-6-1 所示。该电路结构简单，被广泛地用于低频振荡电路中作为选频环节，可以获得很高纯度的正弦波电压。

① 用函数信号发生器的正弦输出信号作为图 1-6-1 的激励信号 u_i，并保持 u_i 值不变的情况下，改变输入信号的频率 f，用交流毫伏表或示波器测出输出端相对于各个频率点下的输出电压 u_o 值，将这些数据画在以频率 f 为横轴、u_o 为纵轴的坐标纸上，用一条光滑的曲线连接这些点，该曲线就是上述电路的幅频特性曲线。

文氏电桥电路的一个特点是其输出电压幅度不仅会随输入信号的频率而变，而且还会出现一个与输入电压同相位的最大值，如图 1-6-2 所示。

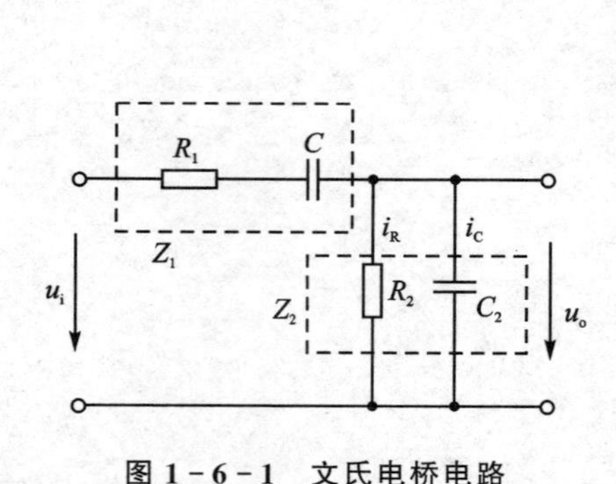

图 1-6-1 文氏电桥电路

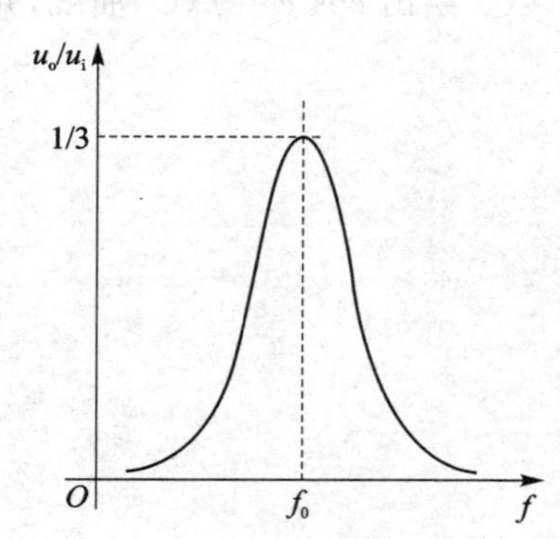

图 1-6-2 文氏电路的电压幅频特性

由电路分析得知，该网络的传递函数为

$$\beta=\frac{1}{3+\mathrm{j}(\omega RC-1/\omega RC)}$$

当角频率 $\omega=\omega_0=\dfrac{1}{RC}$时，$|\beta|=\dfrac{u_o}{u_i}=\dfrac{1}{3}$，此时 u_o 与 u_i 同相。由图 1-6-2 可见 RC 串并联电路具有带通特性。

② 将上述电路的输入和输出分别接到双踪示波器的 Y_A 和 Y_B 两个输入端，改

变输入正弦信号的频率，观测相应的输入和输出波形间的时延 τ 及信号的周期 T，则两波形间的相位差为 $\varphi=\frac{\tau}{T}\times 360°=\varphi_o-\varphi_i$（输出相位与输入相位之差）。

将各个不同频率下的相位差 φ 画在以 f 为横轴、φ 为纵轴的坐标纸上，用光滑的曲线将这些点连接起来，即是被测电路的相频特性曲线，如图 1-6-3 所示。

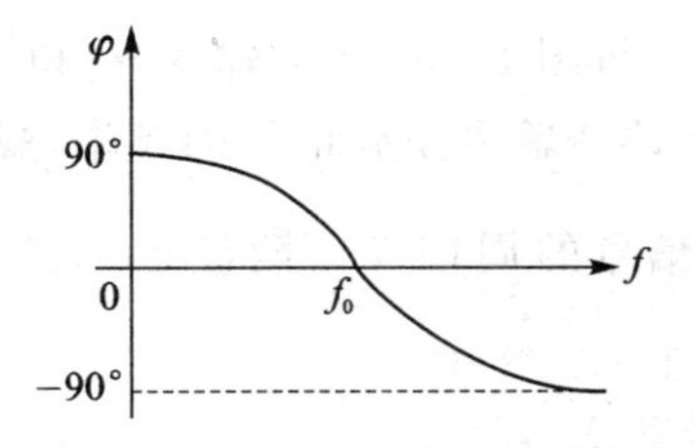

图 1-6-3　文氏电路的相频特性

由电路分析理论得知，当 $\omega=\omega_0=\frac{1}{RC}$，即 $f=f_0=\frac{1}{2\pi RC}$ 时，$\varphi=0$，即 u_o 与 u_i 同相位。

三、实验设备

RC 选频网络特性实验所用设备如表 1-6-1 所列。

表 1-6-1　RC 选频网络特性实验设备

序　号	名　称	型号与规格	数　量	备　注
1	函数信号发生器及频率计		1	
2	双踪示波器		1	自备
3	交流毫伏表	0～600 V	1	
4	RC 选频网络实验板		1	DGJ-03

四、实验内容

1. 测量 RC 串、并联电路的幅频特性

① 利用 D-06 挂箱上的“RC 串、并联选频网络”线路，组成图 1-6-1 线路。取 $R=1\ \text{k}\Omega$，$C=0.1\ \mu\text{F}$。

② 调节信号源输出电压为 3 V 的正弦信号，接入图 1-6-1 的输入端。

③ 改变信号源的频率 f（由频率计读得），并保持 $u_i=3$ V 不变，测量输出电压 u_o（可先测量 $\beta=1/3$ 时的频率 f_0，然后再在 f_0 左右设置其他频率点的测量）。

④ 取 $R=200\ \Omega$，$C=2.2\ \mu\text{F}$，重复上述测量，记入表 1-6-2 中。

表 1-6-2　幅频特性实验数据

$R=1\ \text{k}\Omega$ $C=0.1\ \mu\text{F}$	f/Hz	
	u_o/V	
$R=200\ \Omega$ $C=2.2\ \mu\text{F}$	f/Hz	
	u_o/V	

2. 测量 RC 串、并联电路的相频特性

将图 1-6-1 的输入 u_i 和输出 u_o 分别接至双踪示波器的 Y_A 和 Y_B 两个输入端，改变输入正弦信号的频率，观测不同频率点时相应的输入与输出波形间的时延 τ 及信号的周期 T。两波形间的相位差为：$\varphi=\varphi_o-\varphi_i=\frac{\tau}{T}\times 360°$，所得数据记入表 1-6-3 中。

表 1-6-3　相频特性实验数据

$R=1\ \text{k}\Omega$ $C=0.1\ \mu\text{F}$	f/Hz	
	T/ms	
	τ/ms	
	φ/(°)	
$R=200\ \Omega$ $C=2.2\ \mu\text{F}$	f/Hz	
	T/ms	
	τ/ms	
	φ/(°)	

五、实验注意事项

由于信号源内阻的影响，输出幅度会随信号频率变化。因此，在调节输出频率时，应同时调节输出幅度，使实验电路的输入电压保持不变。

六、预习思考题

① 根据电路参数，分别估算文氏电桥电路两组参数时的固有频率 f_0。

② 推导 RC 串并联电路的幅频、相频特性的数学表达式。

七、实验报告要求

① 根据实验数据，绘制文氏电桥电路的幅频特性和相频特性曲线。找出 f_0，并与理论计算值比较，分析误差原因。

② 讨论实验结果。

实验七　R、L、C 串联谐振电路的研究

一、实验目的

① 学习用实验方法绘制 R、L、C 串联电路的幅频特性曲线。

② 加深理解电路发生谐振的条件、特点，掌握电路品质因数（电路 Q 值）的物理意义及其测定方法。

二、原理说明

① 在图 1－7－1 所示的 R、L、C 串联电路中，当正弦交流信号源的频率 f 改变时，电路中的感抗、容抗随之而变，电路中的电流也随 f 而变。取电阻 R 上的电压 u_o 作为响应，当输入电压 u_i 的幅值维持不变时，在不同频率的信号激励下，测出 u_o 值，然后以 f 为横坐标，以 u_o/u_i 为纵坐标（因 u_i 不变，故也可直接以 u_o 为纵坐标），绘出光滑的曲线，此即为幅频特性曲线，亦称谐振曲线，如图 1－7－2 所示。

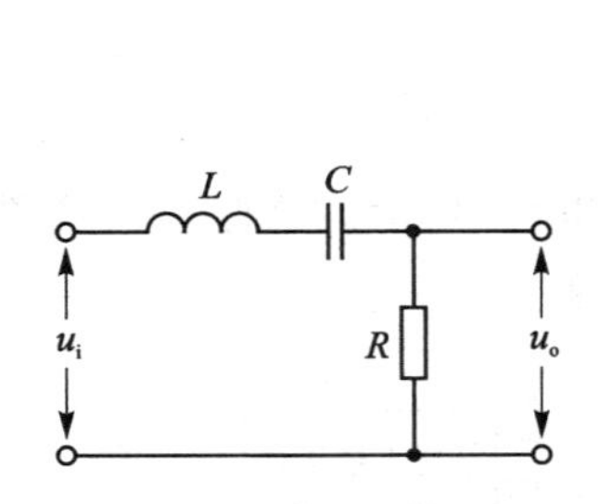

图 1－7－1　R、L、C 串联电路

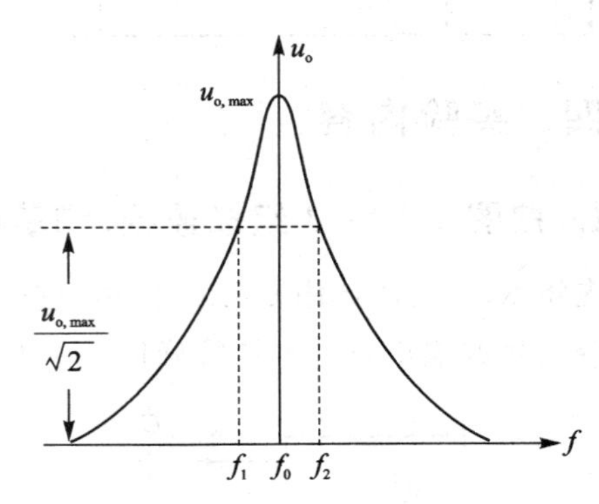

图 1－7－2　R、L、C 串联谐振曲线

② 在 $f=f_0=\dfrac{1}{2\pi\sqrt{LC}}$ 处，即幅频特性曲线尖峰所在的频率点称为谐振频率。此时 $X_L=X_C$，电路呈纯阻性，电路阻抗的模为最小。在输入电压 u_i 为定值时，电路中的电流达到最大值，且与输入电压 u_i 同相位。从理论上讲，此时 $U_i=U_R=U_o$，$U_L=U_C=QU_i$，式中的 Q 称为电路的品质因数。

③ 电路品质因数 Q 值的两种测量方法：一是根据公式 $Q=\dfrac{U_L}{U_o}=\dfrac{U_C}{U_o}$ 测定，U_C 与 U_L 分别为谐振时电容器 C 和电感线圈 L 上的电压；另一方法是通过测量谐振曲线

的通频带宽度 $\Delta f = f_2 - f_1$，再根据 $Q = \frac{f_0}{f_2 - f_1}$ 求出 Q 值。式中 f_0 为谐振频率，f_2 和 f_1 为失谐时，亦即输出电压的幅度下降到最大值的 $1/\sqrt{2}$（$=0.707$）倍时的上、下频率点。Q 值越大，曲线越尖锐，通频带越窄，电路的选择性越好。在恒压源供电时，电路的品质因数、选择性与通频带只决定于电路本身的参数，而与信号源无关。

三、实验设备

R、L、C 串联谐振所用实验设备列于表 1-7-1 中。

表 1-7-1　R、L、C 串联谐振所用实验设备

序　号	名　称	型号与规格	数　量	备　注
1	函数信号发生器		1	
2	交流毫伏表	0～600 V	1	
3	双踪示波器		1	自备
4	频率计		1	
5	谐振电路实验电路板	$R=200\ \Omega, 1\ k\Omega$ $C=0.01\ \mu F, 0.1\ \mu F$, $L\approx 30\ mH$		

四、实验内容

1. 按图 1-7-3 组成监视、测量电路

先将 R、C 之值选用 C_1、R_1 的值，用交流毫伏表测电压，用示波器监视信号源输出。令信号源输出正弦电压峰峰值 $u_i = 4$ V，并保持不变。

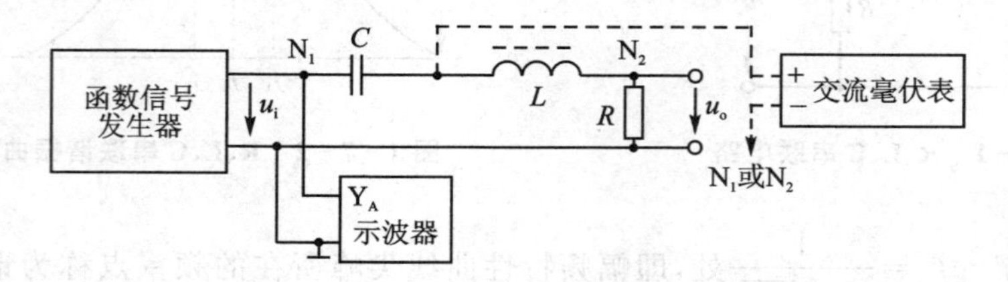

图 1-7-3　R、L、C 串联谐振测量电路

2. 找出电路的谐振频率 f_0

其方法是，将毫伏表接在 R（200 Ω）两端，令信号源的频率由小逐渐变大（注意要维持信号源的输出幅度不变），当 u_o 的读数为最大时，读得频率计上的频率值即为电路的谐振频率 f_0，并测量 U_C 与 U_L 之值（注意及时更换毫伏表的量限）。

3. 在谐振点两侧逐点测 U_o 等参数

在谐振点两侧，按频率递增或递减到 500 Hz 或 1 kHz，依次各取 8 个测量点，逐点测出 U_o，U_L，U_C 之值，并记入数据表格 1－7－2 中。

表 1－7－2　电阻为 R_1 的串联谐振实验数据

f/kHz														
U_o/V														
U_L/V														
U_C/V														
$U_{i,p\text{-}p}$=4 V，　C=0.01 μF，　R=500 Ω，　f_0=　　　，f_2-f_1=　　　，Q=														

4. 改变 *R* 阻值的测量

将电阻 R 值改为 R_2 值，重复步骤 2，3 的测量过程，数据记入表格 1－7－3 中。

表 1－7－3　电阻为 R_2 的串联谐振实验数据

f/kHz														
U_o/V														
U_L/V														
U_C/V														
$U_{i,p\text{-}p}$=4 V，　C=0.01 μF，　R=1 kΩ，　f_0=　　　，f_2-f_1=　　　，Q=														

5. 改变 C_2 值的测量

将电容 C 的值改为 C_2 值，重复步骤 2～4 的测量过程，并将数据记入自制表格中。

五、实验注意事项

① 选择测试频率点应在靠近谐振频率附近多取几点。在变换频率测试前，应调整信号输出幅度（用示波器监视输出幅度），使其维持在 3 V。

② 测量 U_C 和 U_L 数值前，应将毫伏表的量限改大，而且在测量 U_L 与 U_C 时毫伏表的“＋”端应接 C 与 L 的公共点，其接地端应分别触及 L 和 C 的近地端 N_2 和 N_1。

③ 实验中，信号源的外壳应与毫伏表的外壳绝缘（不共地）。如能用浮地式交流毫伏表测量，则效果更佳。

六、预习思考题

① 根据实验线路板给出的元件参数值，估算电路的谐振频率。

② 改变电路的哪些参数可以使电路发生谐振，电路中 R 的数值是否影响谐振频

率值？

③ 如何判别电路是否发生谐振？测试谐振点的方案有哪些？

④ 电路发生串联谐振时，为什么输入电压不能太大，如果信号源给出 3 V 的电压，电路谐振时，用交流毫伏表测 U_L 和 U_C，应该选择用多大的量限？

⑤ 要提高 R、L、C 串联电路的品质因数，电路参数应如何改变？

⑥ 本实验在谐振时，对应的 U_L 与 U_C 是否相等？如有差异，原因何在？

七、实验报告要求

① 根据测量数据，绘出不同 Q 值时的三条幅频特性曲线，即

$$U_o = f(f),\quad U_L = f(f),\quad U_C = f(f)$$

② 计算出通频带与 Q 值，说明不同 R 值时对电路通频带与品质因数的影响。

③ 对两种不同的测 Q 值的方法进行比较，分析误差原因。

④ 谐振时，比较输出电压 U_o 与输入电压 U_i 是否相等？试分析原因。

⑤ 通过本次实验，总结、归纳串联谐振电路的特性。

实验八　三相交流电路电压、电流的测量

一、实验目的

① 掌握三相负载作星形连接、三角形连接的方法及相、线电压，相、线电流测试方法。

② 验证这两种接法下线、相电压及线、相电流之间的关系。

③ 观察分析三相四线供电系统中，当负载不对称时中线的作用。

二、原理说明

① 三相负载可接成星形（又称“Y”连接）或三角形（又称“△”连接）。当三相对称负载作 Y 形连接时，线电压 U_L 是相电压 U_p 的$\sqrt{3}$倍。线电流 I_L 等于相电流 I_p，即

$$U_L=\sqrt{3}U_p,\quad I_L=I_p$$

在这种情况下，流过中线的电流 $I_o=0$，所以可以省去中线。

当对称三相负载作△形连接时，有

$$I_L=\sqrt{3}I_p,\quad U_L=U_p$$

② 不对称三相负载作 Y 形连接时，必须采用三相四线制接法，即 Y_0 接法。而且中线必须牢固连接，以保证三相不对称负载的每相电压维持对称不变。

倘若中线断开，会导致三相负载电压的不对称，致使负载轻的那一相的相电压过高，使负载遭受损坏；负载重的一相相电压又过低，使负载不能正常工作。尤其是对于三相照明负载，无条件地一律采用 Y_0 接法。

③ 当不对称负载作△形连接时，$I_L\neq\sqrt{3}I_p$，但只要电源的线电压 U_L 对称，加在三相负载上的电压仍是对称的，对各相负载工作没有影响。

三、实验设备

三相交流电路电压、电流测量所需设备如表 1－8－1 所列。

表 1-8-1 三相交流电路电压、电流测量所需实验设备

序 号	名 称	型号与规格	数 量	备 注
1	交流电压表	0～500 V	1	
2	交流电流表	0～10 A	1	
3	万用表		1	自备
4	三相自耦调压器	0～250 V	1	
5	三相灯组负载	220 V、40 W 白炽照明灯	9	D-05

四、实验内容

1. 三相负载星形连接(三相四线制供电)

按图 1-8-1 线路组接实验电路,即三相灯组负载经三相自耦调压器接通三相对称电源。将三相调压器的旋柄置于输出为 0 V 的位置(即逆时针旋到底)。经指导教师检查合格后,方可开启实验台电源,然后调节调压器的输出,使输出的三相相电压为 110 V(即经过变压器调压后 U 与 N 或 V 与 N 或 W 与 N 之间的电压为相电压),并分别测量三相负载的线电压、相电压、线电流、相电流、中线电流、电源与负载中点间的电压的各项实验。将所测得的数据记入表 1-8-2 中,并观察各相灯组亮暗的变化程度,特别要注意观察中线的作用。

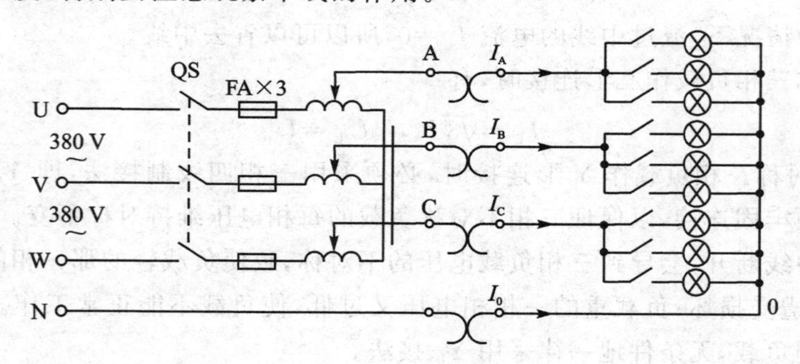

图 1-8-1 三相负载星形连接接线图

表 1-8-2 三相负载星形连接实验数据(Y_0 代表有中性线,Y 代表无中性线)

项目	测量数据													
	开灯盏数			线电流/A			线电压/V			相电压/V			中线电流	中点电压
负载情况 \ 实验内容	A相	B相	C相	I_A	I_B	I_C	U_{AB}	U_{BC}	U_{CA}	U_{A0}	U_{B0}	U_{C0}	I_0/A	U_{NO}/V
Y_0 接平衡负载	3	3	3											
Y 接平衡负载	3	3	3											
Y_0 接不平衡负载	1	2	3											

续表 1-8-2

项目	测量数据												
	开灯盏数			线电流/A			线电压/V			相电压/V			中线电流	中点电压
负载情况＼实验内容	A相	B相	C相	I_A	I_B	I_C	U_{AB}	U_{BC}	U_{CA}	U_{A0}	U_{B0}	U_{C0}	I_0/A	U_{NO}/V
Y接不平衡负载	1	2	3											
Y_0 接B相断开	1		3											
Y接B相断开	1		3											
Y接B相短路	1		3											

2. 负载三角形连接(三相三线制供电)

按图 1-8-2 改接线路,经指导教师检查合格后接通三相电源,并调节调压器,使其输出相电压为 110 V,并按表 1-8-3 的内容进行测试。

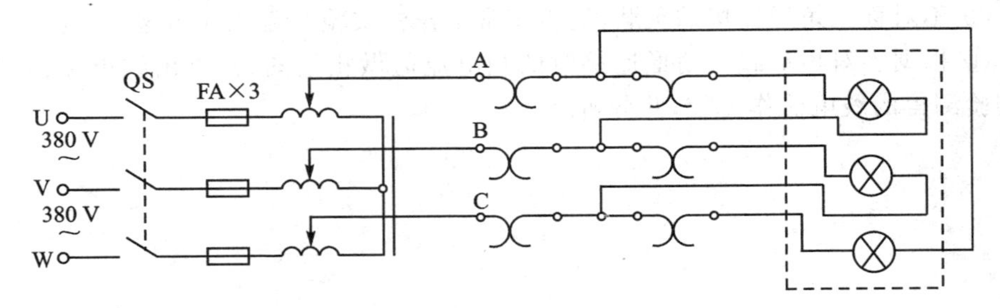

图 1-8-2　三相负载三角形连接接线图

表 1-8-3　三相负载三角形连接后的实验数据

负载情况＼实验内容	测量数据											
	开灯盏数			线电压=相电压/V			线电流/A			相电流/A		
	A-B相	B-C相	C-A相	U_{AB}	U_{BC}	U_{CA}	I_A	I_B	I_C	I_{AB}	I_{BC}	I_{CA}
△三相平衡	3	3	3									
△三相不平衡	1	2	3									

五、实验注意事项

① 本实验采用三相交流市电,线电压为 380 V,应穿绝缘鞋进实验室。实验时要注意人身安全,不可触及导电部件,防止意外事故发生。

② 每次接线完毕,同组同学应自查、互查一遍,然后由指导教师检查后,方可接通电源,必须严格遵守先断电、再接线、后通电;先断电、后拆线的实验操作原则。

③ 星形负载作短路实验时,必须首先断开中线,以免发生短路事故。

六、预习思考题

① 三相负载根据什么条件作星形或三角形连接?

② 复习三相交流电路有关内容,试分析三相星形连接不对称负载在无中线情况下,当某相负载开路或短路时会出现什么情况?如果接上中线,情况又如何?

③ 本次实验中为什么要通过三相调压器将 220 V 的相电压降为 110 V 的相电压使用?

七、实验报告要求

① 用实验测得的数据验证对称三相电路中的$\sqrt{3}$关系。

② 用实验数据和观察到的现象,总结三相四线供电系统中中线的作用。

③ 不对称三角形连接的负载,能否正常工作?实验是否能证明这一点?

④ 根据不对称负载三角形连接时的相电流值做相量图,并求出线电流值,然后与实验测得的线电流作比较,并分析之。

实验九　三相鼠笼式异步电动机的使用与启动

一、实验目的

① 熟悉三相鼠笼式异步电动机的结构和额定值。
② 学习检验异步电动机绝缘情况的方法。
③ 学习三相鼠笼式异步电动机的启动和反转方法。

二、原理说明

三相鼠笼式异步电动机具有结构简单，工作可靠，使用维护方便和价格低廉等优点，为目前应用最广的电动机。它是基于定子与转子间的相互电磁作用把三相交流电能转换为机械能的旋转电机。

三相鼠笼式异步电动机的基本构造有定子和转子两大部分。

定子主要由定子铁芯、三相对称定子绕组和机座等组成，是电动机的静止部分。三相定子绕组一般引用六根引出线，出线端装在机座外面的接线盒内，如图 1-9-1 所示。在各相绕组的额定电压已知情况下，根据相电源电压的不同，三相定子绕组可以接成星形或三角形，然后与电源相连。当定子绕组通以三相电流时，便在其内产生一幅值不变的旋转磁场，其转速为 n_0（称同步转速）决定于电源频率 f 和电机三相绕组构成的磁极对数 p，其间关系为

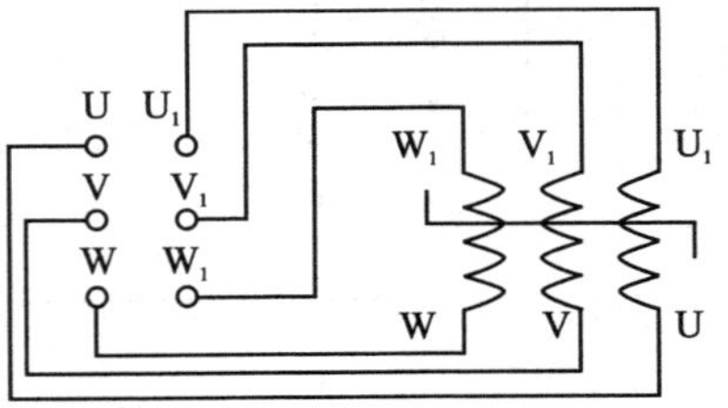

$$n_0 = \frac{60 \times f}{p} (\text{r/min})$$

图 1-9-1　三相定子绕组与引出线端

旋转方向与三相电流的相序一致。

转子主要由转子铁芯、转轴、鼠笼式转子绕组、风扇等组成，是电动机的旋转部分。小容量鼠笼式异步电动机的转子绕组大都采用铝浇铸而成，冷却方式一般都采用扇冷式。在旋转磁场的作用下，转子感应电动势和电流，从而产生一旋转力矩，驱动机械负载旋转，将定子绕组从电源取得的电能转换成轴上输出的机械能，转子的旋转方向与磁场的转向一致，转速 n 始终低于旋转磁场的转速 n_0，即 $n < n_0$，故称异步电动机。

三相鼠笼式异步电动机的额定值标记在电动机铭牌上，方框内为本实验异步电

动机的铭牌数据，其中：

① 型号　电动机的机座类型、转子类型和极对数。

② 功率　额定运行情况下，电动机轴上输出的额定机械功率。

③ 电压　额定运行情况下，定子的三相绕组应加的额定电源线电压。

④ 电流　额定运行情况下，当电动机输出额定功率时，定子电路的额定线电流。

电机上的铭牌数据如下：

三相交流鼠笼式异步电动机

型号	AO25614	电压	380 V	接法	△
功率	60 W	电流	0.28 A	定额	连续
转速	1 460 r/min	功率因数	0.85		
频率	50 Hz	绝缘等级	E 级		

任何电气设备必须安全可靠使用，这和导线之间及导电部分与地（机壳）之间的绝缘情况有关，所以在安装与使用电动机之前，一定要检查绝缘情况，就是在使用期间也应做定期的检查。

电动机的绝缘电阻可用兆欧表进行测量。一般是对绕组的相间绝缘电阻及绕组与铁芯（机壳）之间的绝缘电阻进行测量，对于额定电压 1 kV 以下的电动机，其绝缘电阻值最低不得小于 1 000 Ω/V，测量方法如图 1－9－2 所示。一般来说，500 V 以下的中小型电动机最低应具有 0.5 MΩ 的绝缘电阻。

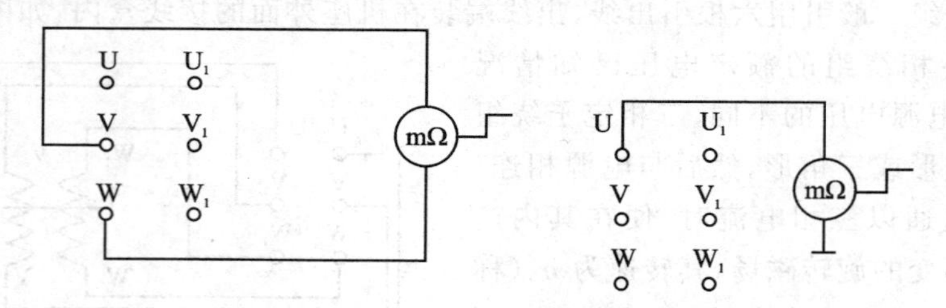

图 1－9－2　绝缘特性测量

异步电动机三相定子绕组的 6 个出线端有三个首（始）和三个末（尾）端，首端标以 U、V 和 W，末端标以 U_1、V_1、和 W_1，如图 1－9－1 所示。在本实验中为便于电机引出线与外部设备连接，已将接线端连接至底板上 6 个接线插口，接线如果没有按照首、末端的标记正确连接，则电动机可能启动不了，或引起绕组发热、振动、有噪音，甚至电动机不能启动并因过热而烧毁。若由于某种原因定子绕组 6 个出线端标记无法辨认时，则可以通过以下实验方法来判别其首、末端（即同名端）。方法如下：

用指针式万用表欧姆挡从 6 个出线端中确定哪一对引出线是属于同一相的，分别找出三相绕组。再确定某绕组为 U 相，并将其二个出线端标以符号 U 和 U_1。

把 U 相绕组末端 U_1 和任意另一绕组（设绕组 $V-V_1$）串联起来，并通过开关和一节干电池连接，如图 1－9－3 所示。第三绕组（绕组 $W-W_1$）两端与万用电表的表笔相接触,并将万用表的开关转到直流毫安的最小量程挡。当开关 K 接通瞬间,如果万用表指电针的正向摆(若反向摆动,立即调换万用表两表笔的极性,使指针正向摆动),且摆动较大(二次比较),则可判定 U、V 两绕组为尾首相连接,即与 U 相末端 U_1 相连的是 V 相绕组的首端,于是标以符号 V,另一端标以 V_1。与此同时,可以确定由万用电表负表笔所接触的第三绕组出线端与电池正极所接的 A－X 相首端 A 为同名端,于是该端是 W－W_1 相的首端,标以符号 W,另一端标以 W_1。

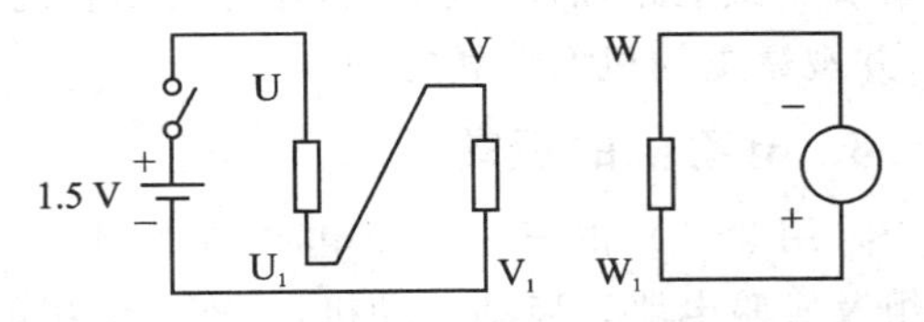

图 1－9－3　绕组首末端的判定

进一步加以验证,当绕组 U－U_1 和 V－V_1 为首首或尾尾相连接时,则万用表指针摆动较小或基本不动。

三相交流鼠笼式异步电动机的启动方法有:

① 直接启动　启动电流大,只适用于小容量的电动机。

② 降压启动　启动转矩随电压下降的平方而下降,故只适用于启动转矩要求不大的场合。

对于正常运行时,定子绕组采用三角形连接的电动机(4 kW 以上电动机),可应用 Y—△降压启动法;对于正常运行时,定子绕组采用星形连接的电动机,只能应用自耦变压器(也称补偿器)降压启动法。

异步电动机的反转:因为异步电动机的旋转方向取决于三相电流流入定子绕组的相序,故只要将三相电源线中任意两根互换连接即可使电动机改变旋转方向。

三、实验内容

1. 记录三相鼠笼式异步电动机的铭牌数据

三相鼠笼式异步电动机铭牌

型号＿＿＿＿＿＿　　电压＿＿＿＿＿＿(V)　　接法＿＿＿＿＿＿

功率＿＿＿＿＿＿(W)　　电流＿＿＿＿＿＿(A)　　定额＿＿＿＿＿＿

转速＿＿＿＿＿＿(r/min)　　功率因数＿＿＿＿＿＿

频率＿＿＿＿＿＿(Hz)　　绝缘等级＿＿＿＿＿＿

2. 用万用电表判别定子三相绕组的首、末端

用兆欧表测量电动机的绝缘电阻及各相绕组之间的绝缘电阻:

U 相与 V 相＿＿＿＿＿＿＿＿(MΩ)

W 相与 V 相＿＿＿＿＿＿＿＿(MΩ)

U 相与 W 相＿＿＿＿＿＿＿＿(MΩ)

绕组对地(机壳)之间的绝缘电阻＿＿＿＿＿＿＿＿(MΩ)

3. 电动机的直接启动

采用 380V 的三相交流电源，按图 1-9-4(a)线路图连接，连接好电动机的定子绕组及实验电路，启动电动机，在开关闭合的一瞬间及时观察直接启动电流的冲击情况，并观察电动机的旋转方向。

4. 电动机的反转

采用 380 V 的三相交流电源，按图 1-9-4(b)线路连接，连接好电动机的定子绕组及实验电路。启动电动机，观察电动机的旋转方向是否反转。

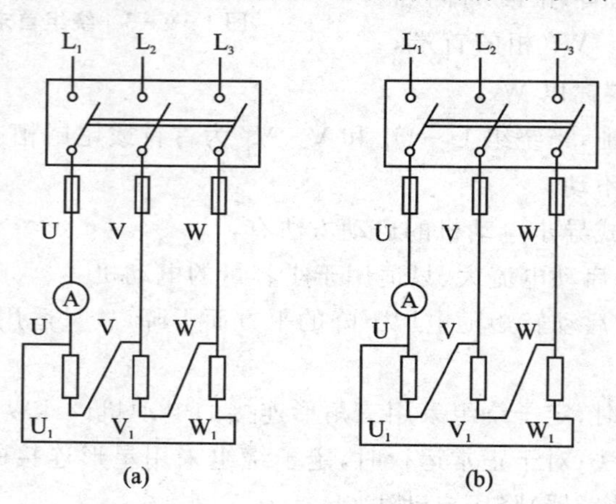

图 1-9-4 电动机的直接启动电路

四、实验报告要求

① 从所测绝缘电阻值判断电动机的绝缘情况。

② 解释说明三相鼠笼式异步电动机的正反转运行原理。

实验十　继电接触器控制的异步电动机的启动及正反转运行

一、实验目的

① 熟悉按钮、交流接触器和热继电器的使用。

② 学会鼠笼式异步电动机直接启动及正反转的继电器、接触器控制电路的接触及操作。

③ 研究电动机运行时的保护。

二、实验原理

用接触器和继电器对小功率鼠笼式电动机进行直接启动和正反转控制，在工农业生产上应用得十分广泛。

交流电动机接触器控制电路的主要设备是交流接触器，主要构造如下：

① 电磁系统：铁芯、吸引线圈和短路环。

② 触头系统：主触头和辅助触头，按其在未动作时的位置，分为常开触头和常闭触头二种类型。

③ 消弧系统：在切断大电流的接触器上装有消弧罩，以迅速切断电弧。

④ 接线端子：反作用弹簧及底座等。

接触器的触头只能用来接通或断开额定电压和电流（或以下）的电路，否则在切断电路时会引起消弧困难，接通后若电流过大会使触头因接触电阻而引起过热。

常用接触器吸引线圈的工作电压为 220 V 或 380 V，使用时需要注意区别。电压过高当然要烧坏线圈，电压过低会使铁芯吸合不牢，发生很大的噪声。

短路环用来磁通分相，使各磁通过零点的时间错开，保证了铁芯间的吸引力在任何瞬间都不为零，且大于某项值，从而使铁芯吸合牢靠，避免震动，减小了噪声，当短路环有脱落或损坏时，交流电磁工作时会产生很大的噪声。

按钮是由人来操作的元件，在自动控制中用来发出指令，其触头也有常开和常闭二种形式。为了使用方便，常将由两个或更多个按钮组合制成按钮盒。

热继电器是利用它串联在主电路中的发热元件的热效应，当过载时引起双金属片的弯曲而使触头动作。热继电器的功率很小，只能连接在控制电路中热继电器是发热而动作，其热惯性与电动机热惯性同步，它通常用来作电动机的过载保护。

本实验中所用三相交流电磁式接触器主要技术数据如表 1－10－1 所列。

表 1-10-1　CJ20-10 三相交流电磁式接触器的技术参数

型　号	吸引线圈额定电压	主触头额定电流	辅助触头额定电流	额定操作频率	主触头分断能力
CJ20-10	380 V	10 A (带灭弧罩)	10 A (带灭弧罩)	1 200 次/h	1 000 A

本实验中所用热继电器主要技术数据如表 1-10-2 所列。

表 1-10-2　JR20-10L 热继电器的技术参数

型　号	热元件整定电流范围	额定工作电压	自动复位时间	
JR20-10L	0.23～0.29A 0.29～0.35A	660 V～	≤5 min	
动作特性(各相负载平衡)				
整定电流倍数	1.05	1.2		6
动作时间	2 h 不动作	<2 h		>2 s

上述热继电器结构上包括整定电流调节凸轮、动作脱扣指示标志及复位按钮。

当主电路中的电动机过载或断相时，热继电器主双金属片推动动作机构，断开常闭触头，切断主电路，从而保护了电动机，此时动作脱扣指示件弹出，显示热继电器已经动作。

热继电器动作后，经过冷却，按复位按钮使其手动复位，当复位按钮在自动复位时指示，热继电器可自行复位。

鼠笼式异步电动机单方向直接启动主要是使用一个交流接触器进行控制，在正反转控制时，需用调换电源任意两根接线来实现电动机的正反转控制，这样需要增加一个接触器。电路中还利用辅助触头构成所谓自锁触头和联锁触头。自锁触头如图 1-10-1 中与按钮 SB_2 并联的常开触头 KM，用来保持电动机长期运行。联锁触头，如图 1-10-2 中与吸引线圈 KM_1(KM_2)串联的常闭触头 KM_2(KM_1)，用来防止二个交流接触器同时吸合，以避免电源发生短路。

三、实验内容

1. 单方向直接启动控制

按图 1-10-1 接好主电路和控制电路。

① 操作按钮 SBT 和 SBP，观察电动机启动和停止情况。

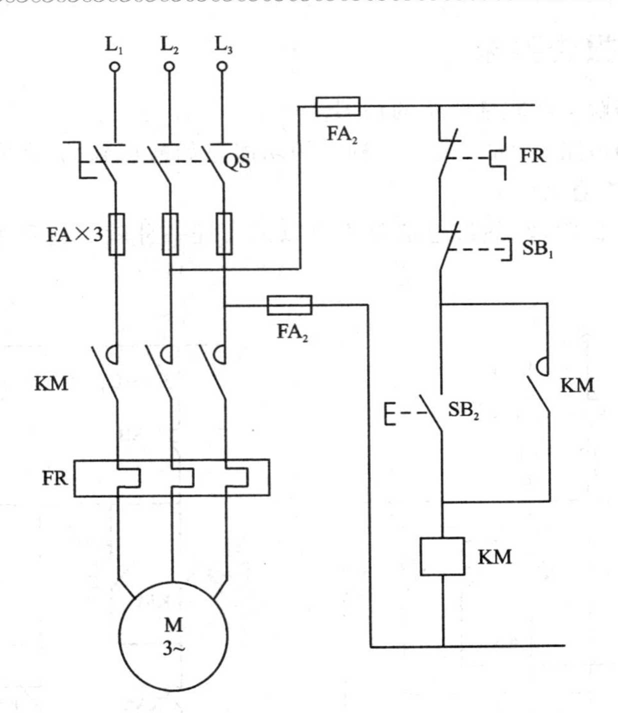

图 1-10-1　三相异步电动机单向直接启动线路

② 切断电源，拆去控制电路中的自锁触头后，再接通电源操作按钮 SBT，启动电动机，观察电动机的点动工作情况。

2. 正反转直接启动控制

按图 1-10-2 接好主电路与控制电路。

① 进行电动机的正反转启动和停止操作。在启动停止操作过程中，观察电动机的旋转方向。

② 着重分析各自锁及联锁触头的工作状态，从而体会自锁及联锁触头的作用。

四、预习思考题

① 看懂电动机的单向启动、正反转控制电路，了解各触头及其他元件的作用。

② 在电路中，如果缺少一个作自锁作用的触头，能想法代替吗？画出这时的控制电路图，但需指出它存在的缺点。

③ 在三相电路中必须串联熔断器 FA，以防止过载，可只在三相中的任意两相串联热继电器的发热元件 FR，为什么？

五、实验报告要求

① 讨论自锁触头和联锁触头的作用。

② 主电路的短路、过载和失压三种保护功能是如何得到的，在实际运行中这三种保护功能有什么意义？

③ 主电路中保险丝、热继电器是否可以采用任一种就能起到短路及过载保护作用。

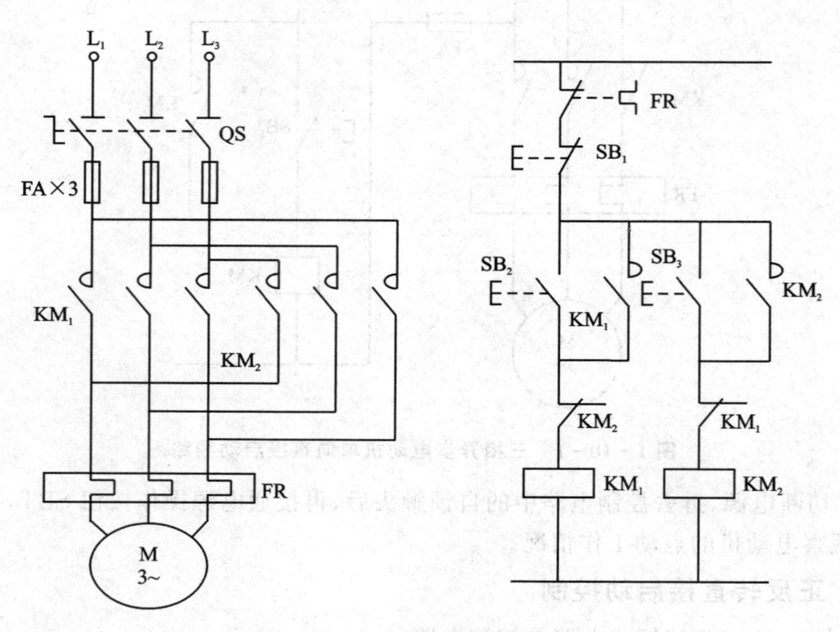

图 1-10-2 正反转直接启动主电路与控制电路

下　篇

电子技术实验

DZX-2型 电子学综合实验装置
ELECTRONICS SYNTHETICAL EXPERIMENTAL EQUIPMENT
mA

预习一　常用电子仪器

1.1　示波器原理及 DS1052E 型示波器简介

示波器是一种综合性的用来观察各种周期性变化的电压和电流波形的电子图示测量仪器，可用来测量电压或电流的幅度、频率、相位、调制度及脉冲信号的各种电参量。它是电工电子实验中必不可少的常用电子测量仪器。示波器的基本功能是将电信号转换为可以观察的视觉图形，以便人们观测。若利用传感器将各种物理参数转换为电信号后，可利用示波器观测各种物理参数的数量和变化。示波器的种类很多，按不同的分类方法来分，有高频和低频示波器，有单踪、双踪和多踪示波器，有取样、记忆和存储示波器，还有逻辑或智能示波器。总体上示波器可分为两大类：模拟式示波器和数字式示波器。模拟式示波器以连续方式将被测信号显示出来。数字示波器首先将被测信号抽样和量化，变为二进制信号存储起来，再从存储器中取出信号的离散值，通过算法将离散的被测信号以连续的形式在屏幕上显示出来。

一、示波器的基本结构

示波器的种类虽然很多，但都包含下列基本组成部分，如图 Y2－1－1 所示。

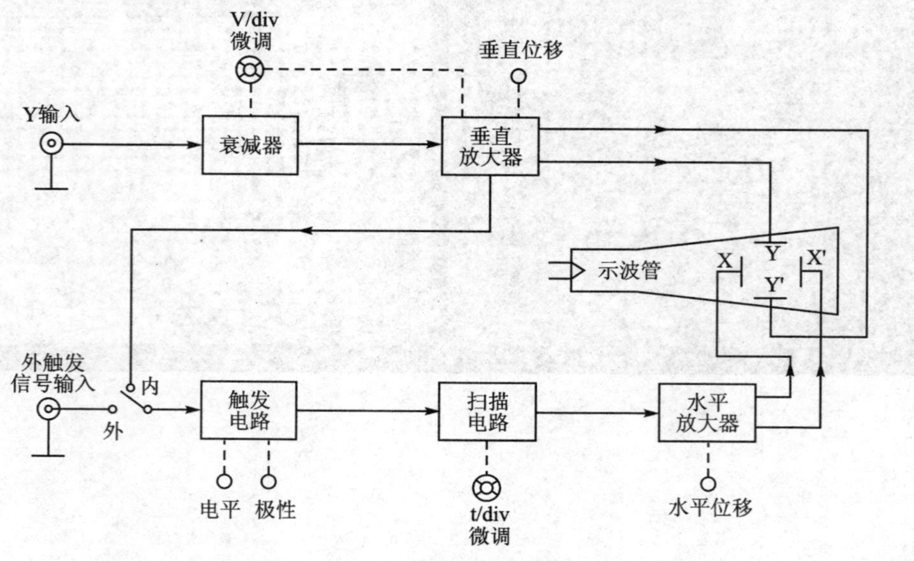

图 Y2－1－1　示波器的基本组成

1. 主　机

主机包括示波管及其所需的各种直流供电电路，在面板上的控制旋钮有：辉度、聚焦、水平移位、垂直移位等。

2. 垂直通道

垂直通道主要用来控制电子束按被测信号的幅值大小在垂直方向上的偏移。

它包括Y轴衰减器、Y轴放大器和配用的高频探头。通常示波管的偏转灵敏度比较低，因此在一般情况下，被测信号往往需要通过Y轴放大器放大后加到垂直偏转板上，才能在屏幕上显示出一定幅度的波形。Y轴放大器的作用提高了示波管Y轴偏转灵敏度。为了保证Y轴放大不失真，加到Y轴放大器的信号不宜太大，但是实际的被测信号幅度往往在很大范围内变化，此Y轴放大器前还必须加1个Y轴衰减器，以适应观察不同幅度的被测信号。示波器面板上设有“Y轴衰减器”（通常称“Y轴灵敏度选择”开关）和“Y轴增益微调”旋钮，分别调节Y轴衰减器的衰减量和Y轴放大器的增益。

对Y轴放大器的要求是：增益大，频响好，输入阻抗高。

为了避免杂散信号的干扰，被测信号一般都通过同轴电缆或带有探头的同轴电缆加到示波器Y轴输入端。但必须注意，被测信号探头挡位不同幅值将衰减（或不衰减），其衰减比为10∶1（或1∶1）。

3. 水平通道

水平通道主要是控制电子束按时间值在水平方向上偏移。

主要由扫描发生器、水平放大器、触发电路组成。

(1) 扫描发生器

扫描发生器又叫锯齿波发生器，用来产生频率调节范围宽的锯齿波，作为X轴偏转板的扫描电压。锯齿波的频率（或周期）调节是由“扫描速率选择”开关和“扫速微调”旋钮控制的。使用时，调节“扫速选择”开关和“扫速微调”旋钮，使其扫描周期为被测信号周期的整数倍，保证屏幕上显示稳定的波形。

(2) 水平放大器

其作用与垂直放大器一样，将扫描发生器产生的锯齿波放大到X轴偏转板所需的数值。

(3) 触发电路

该电路用于产生触发信号以实现触发扫描的电路。为了扩展示波器应用范围，一般示波器上都设有触发源控制开关、触发电平与极性控制旋钮和触发方式选择开关等。

电子技术实验室中曾用过一类模拟双踪示波器，型号为YB4340G型便携式双通道示波器，具有频带范围DC～40 MHz的频带宽度和1 mV/DIV～5 V/DIV的偏转灵敏度并配以10∶1探极。在全频带范围内可获得稳定触发，触发方式设有常态、自动。内触设置了交替触发,可以稳定地显示两个频率不相关的信号,水平系统具有0.5 s/DIV～0.1 μs/DIV 的扫描速度。该信号示波器相比数字示波器功能少却操作简便。但是由于模拟示波器的频率特性由垂直放大器和阴极示波管来决定,还需要与带宽相适应的放大器和阴极射线示波管。随着频率的提高,对阴极射线示波管的工艺要求严格,成本增加,并存瓶颈。

随着数字电子技术的发展,把数字处理和微处理器技术引入到示波器中,产生了数字示波器。目前数字示波器的带宽已超过 1 GHz,采用微处理器作控制和数据处理使数字示波器具有超前触发、组合触发、毛刺捕捉、波形处理、硬复制输出、软盘记录、长时间波形存储等模拟示波器所不具备的功能。不足之处是带宽取决于取样率,比较通用的取样率等于带宽的 4 倍。复现的波形靠内插算法补齐,波形会有失真;A/D 转换速度快,但 D/A 转换速度慢,波形更新率低,偶发信号会被遗漏;没有亮度调制,观察不到三维图形;面板旋钮多,菜单复杂,使用不方便等。近年来数字示波器性能逐渐增强但并非全部良好性能都体现在同一部示波器内。由于数字示波器面板旋钮多,菜单复杂,使用不方便,故对实验室配备的 DS1052E 数字示波器使用进行介绍。

二、DS1052E 数字示波器

RIGOL 普源 DS1052E 数字示波器(见图 Y2 - 1 - 2)具有真彩屏、50 M 带宽、双通道采样 1 GSa/s,实现了易用性、技术指标优异及多功能特性的完美结合。根据简单而功能明晰的前面板,通过标度和位置旋钮提供了直观的操作,即可基本熟练使用。

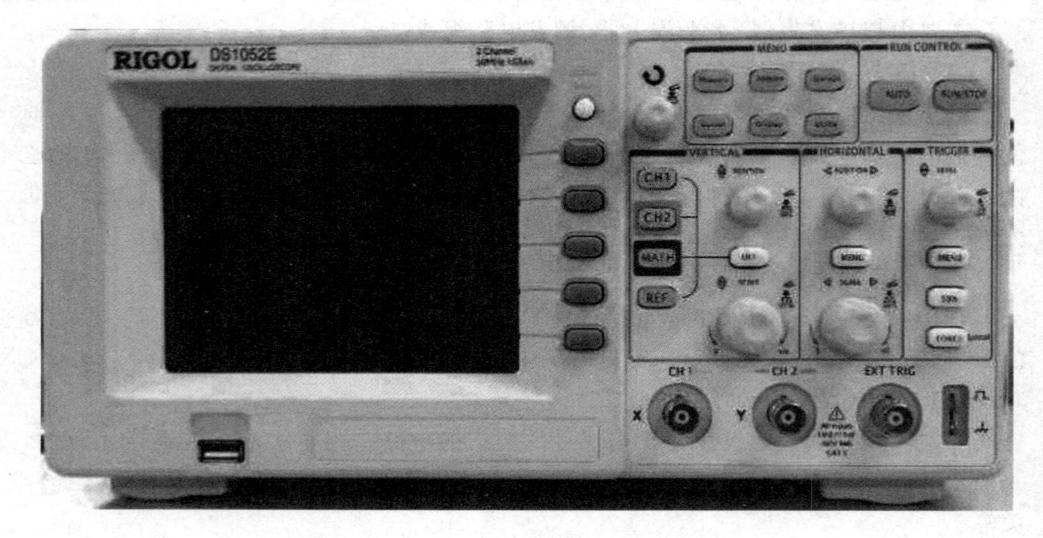

图 Y2 - 1 - 2　DS1052E 数字示波器

为加速调整,便于测量,用户可直接按 AUTO 键,立即获得适合的波形显现和挡位设置。通过 1 GSa/s 的实时采样和 25 GSa/s 的等效采样,可在 DS1052E 示波器上观察更快的信号。强大的触发和分析能力使其易于捕获和分析波形。

1. 使用前准备

(1) DS1052E 的面板和用户界面简介

图 Y2－1－3 为 DS1052E 示波器面板。DS1052E 提供简单而功能清晰的各控制旋钮和功能按键,旋钮的功能与其他示波器类似,显示屏右侧的一列 5 个灰色按键为菜单操作键(自上而下定义为 1～5 号)。通过这些旋钮,可以设置当前菜单的不同选项;其他按键为功能键,可以进入不同的功能菜单或直接获得特定的功能应用。

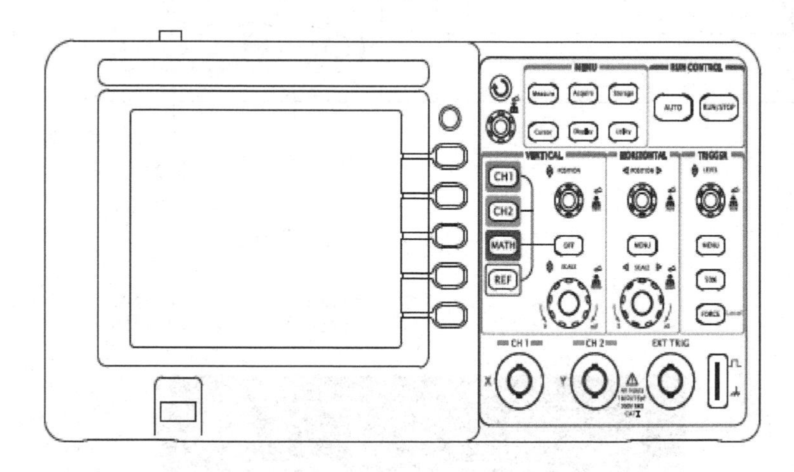

图 Y2－1－3　DS1052E 示波器面板

面板操作如图 Y2－1－4 所示,主要有多功能旋钮、功能按钮、控制按钮,还有触发控制、水平控制、垂直控制、信号输入通道、外部触发输入、探头补偿和 USB 接口等。

使用说明定义:对于按键的文字表示与面板上按键的标识相同。

值得注意的是,MENU 功能键的标识用一个长方框包围的文字来表示,如 MEASURE 代表前面板上的一个标注着 Measure 文字的透明功能键;

标识为◎的多功能旋钮,用(↻)表示;

两个标识为 POSITION 的旋钮,用◎表示;

两个标识为 SCALE 的旋钮,用◎表示;

标识为 LEVEL 的旋钮,用◎表示;

菜单操作键的标识用带阴影的文字表示,如波形存储,表示存储菜单中的存储波形选项。

界面显示分别如图 Y2－1－5、图 Y2－1－6 所示。

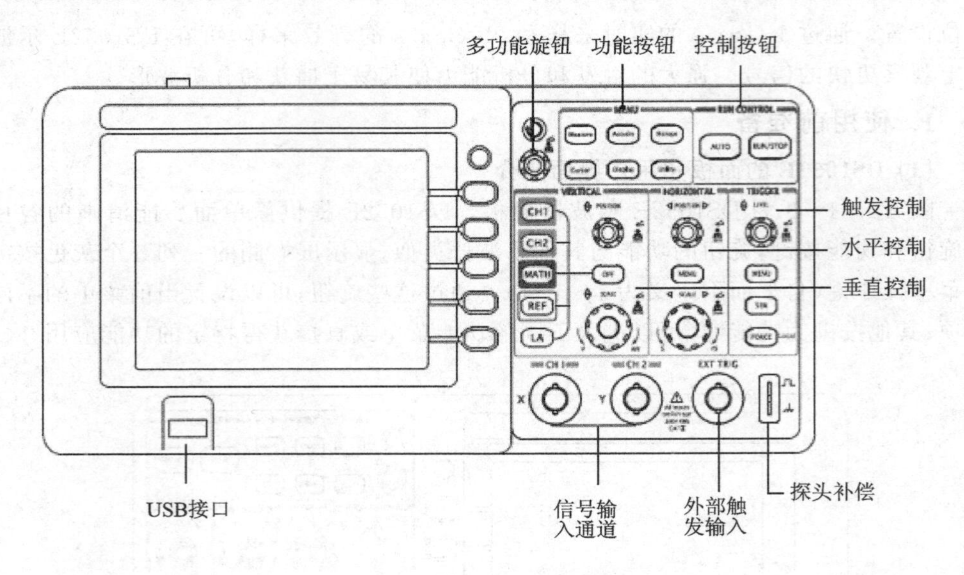

图 Y2-1-4 DS1052E 面板操作图

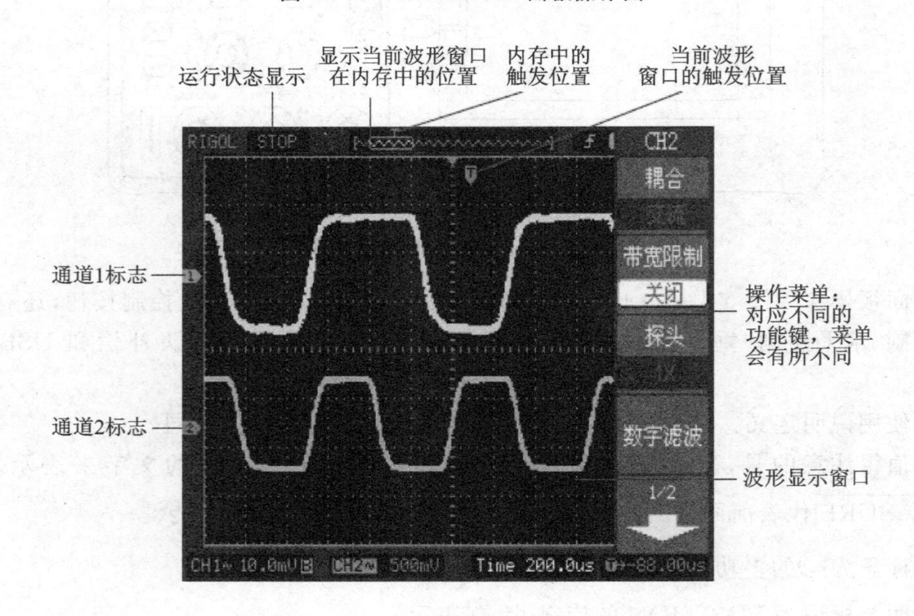

图 Y2-1-5 显示界面图(仅模拟通道打开)

(2) 接通仪器电源

通过一条接地主线操作示波器，电线的供电电压为 100～240 V 交流电，频率为 45～440 Hz。接通电源后，仪器执行所有自检项目，并确认通过，按 STORAGE 按钮，用菜单操作键从顶部菜单框中选择存储类型，然后调出出厂设置菜单框，如图 Y2-1-7 所示。

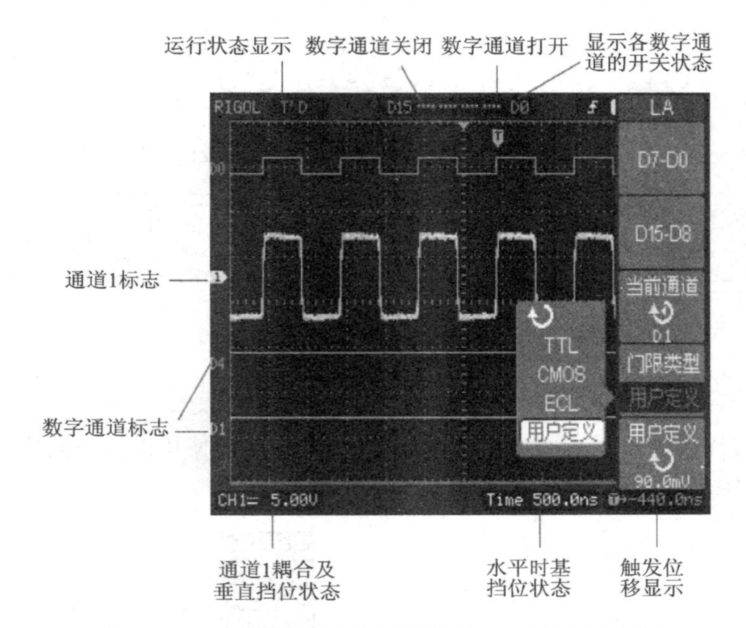

图 Y2-1-6 显示界面图(模拟和数字通道同时打开)

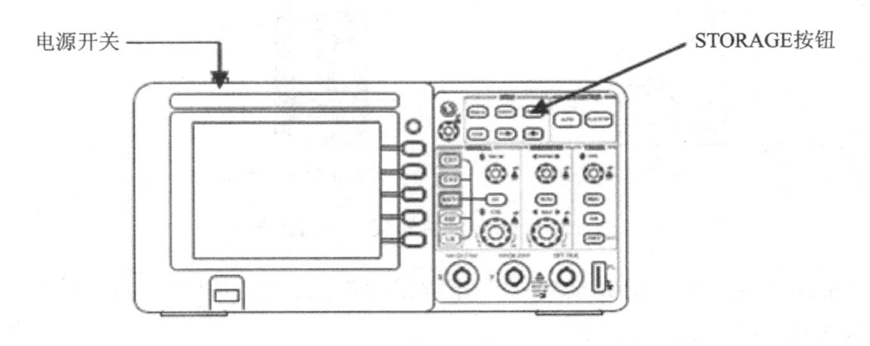

图 Y2-1-7 上电后检查

(3) 示波器接入信号

DS1052E 为双通道输入加一个外触发输入通道的数字示波器,如图 Y2-1-8 所示。接入信号步骤是:

① 用示波器探头将信号接入通道 1(CH1),将探头上的开关设定为 10X(见图 Y2-1-8),将探头连接器上的插槽对准 CH1 同轴电缆插接件(BNC)上的插口并插入,然后向右旋转以拧紧探头。

② 示波器需要输入探头衰减系数(见图 Y2-1-9(a))。此衰减系数改变仪器的垂直挡位比例,从而使得测量结果正确反映被测信号的电平(默认的探头菜单衰减系数设定值为 1X。) 设置探头衰减系数的方法如下:按 CH1 功能键显示通道 1 的操作

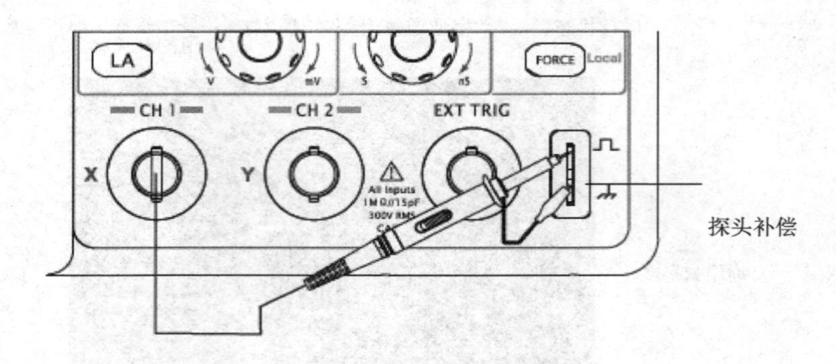

图 Y2-1-8 探头补偿连接

菜单，应用与探头项目平行的 3 号菜单操作键，选择与你使用的探头同比例的衰减系数。此时设定应为 10X，如图 Y2-1-9(b)所示。

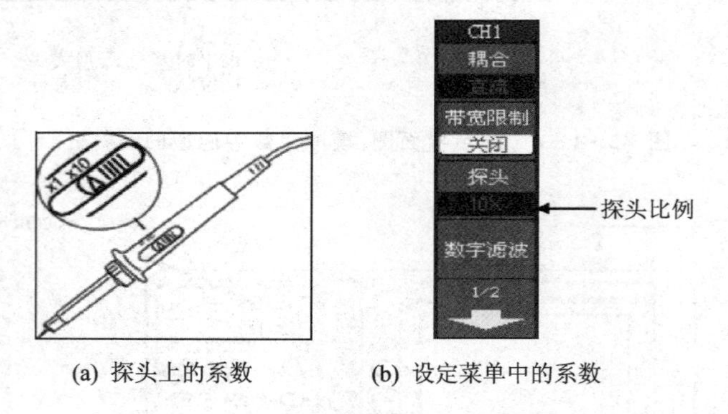

(a) 探头上的系数　　(b) 设定菜单中的系数

图 Y2-1-9 探头和菜单中的系数

③ 把探头端部和接地夹接到探头补偿器的连接器上，按 AUTO（自动设置）按钮，几秒钟内，可见到方波显示。

④ 以同样的方法检查通道 2(CH2)。按 OFF 功能按钮或再次按下 CH1 功能按钮以关闭通道 1，按 CH2 功能按钮以打开通道 2，重复步骤②和步骤③。

注意：探头补偿连接器输出的信号仅作探头补偿调整之用，不可用于校准。

(4) 示波器自动设置的功能

DS1052E 数字示波器具有自动设置的功能。根据输入的信号，可自动调整电压倍率、时基和触发方式到最好波形的显示。应用自动设置要求被测信号的频率大于或等于 50 Hz，占空比大于 1%。自动设置使用方法是：

① 将被测信号连接到信号输入通道。

② 按下 AUTO 按钮。

示波器将自动设置垂直、水平和触发控制。如需要，可手工调整这些控制使波形显示达到最佳。

2. 垂直系统的使用

垂直控制区(VERTICAL)有一系列的按键、旋钮,如图 Y2－1－10 所示。

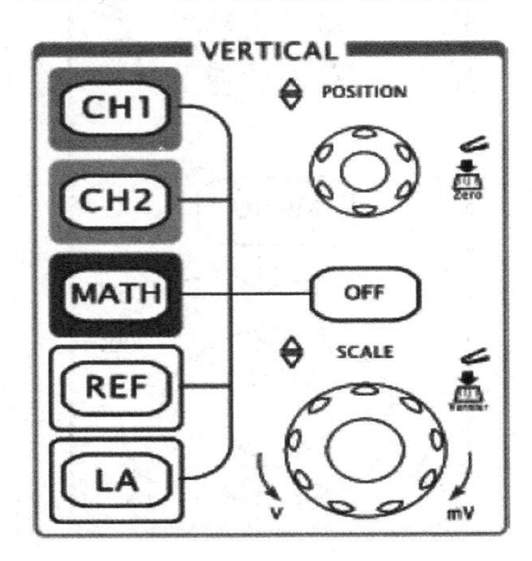

图 Y2－1－10　垂直控制区

(1) 使用垂直 POSITION 旋钮使波形在窗口中居中显示

垂直 POSITION 旋钮控制信号的垂直显示位置,即当转动该旋钮时,指示通道地(GROUND)的标识跟随波形而上下移动。

注意:如果通道耦合方式为 DC(直流),则可以通过观察波形与信号地之间的差距来快速测量信号的直流分量。如果耦合方式为 AC(交流),信号里面的直流分量被滤除。这种方式方便您用更高的灵敏度显示信号的交流分量。

双模拟通道垂直位置恢复到零点快捷键:旋动垂直 POSITION 旋钮不但可以改变通道的垂直显示位置,更可以通过按下该旋钮作为设置通道垂直显示位置恢复到零点的快捷键。

(2) 改变垂直设置并观察状态的信息变化

通过波形窗口下方的状态栏显示的信息,可以确定任何垂直挡位的变化。转动垂直 SCALE 旋钮改变"Volt/div(伏/格)"垂直挡位,可以发现状态栏对应通道的挡位显示发生了相应的变化。按 CH1 、 CH2 、 MATH ,屏幕显示对应通道的操作菜单、标志、波形和挡位状态信息,按 OFF 按键关闭当前选择的通道。

Coarse/Fine(粗调/微调)快捷键:可通过按下垂直 SCALE 旋钮作为设置输入通道的粗调/微调状态的快捷键,然后调节该旋钮即可粗调/微调垂直挡位。

3. 水平系统的使用

如图 Y2－1－11 所示,水平控制区(HORIZONTAL)有一个按键、两个旋钮。

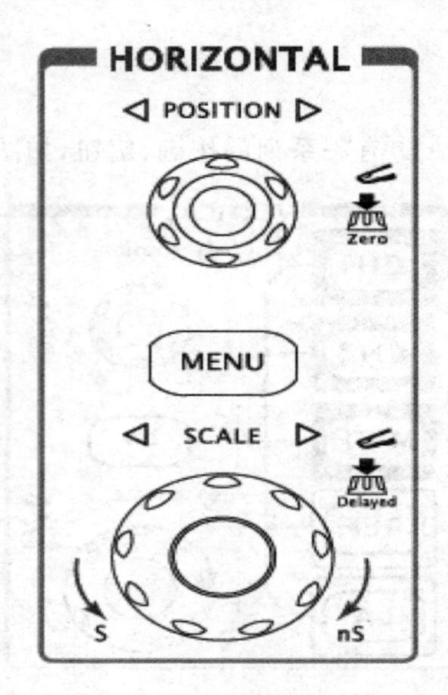

图 Y2-1-11 水平控制区

(1) 使用水平SCALE旋钮改变水平挡位设置,并观察状态的信号变化

转动水平SCALE旋钮,改变"s/div(秒/格)"水平挡位,可以发现状态栏对应通道的挡位显示发生了相应的变化。水平扫描速度从2～50 s,以1→2→5的形式步进。

Delayed(延迟扫描)快捷键:水平SCALE旋钮可以通过转动调整"s/div(秒/格)",还可以按下切换键到延迟扫描状态。

(2) 使用水平POSITION旋钮调整信号使波形处于窗口的水平位置

水平POSITION旋钮控制信号的触发位移,改变信号的水平显示位置。当应用触发位移时、转动水平POSITION旋钮时,可以观察到波形随旋钮而水平移动。

触发点位移恢复到水平零点快捷键:水平POSITION旋钮不但可以通过转动调整信号在波形窗口的水平位置,还可以按下该键使触发位移(或延迟扫描位移)恢复到水平零点处。

(3) 按MENU按钮,显示TIME菜单

在此菜单下,可以开启/关闭延迟扫描或切换Y－T、X－Y和ROLL模式,还可以设置水平触发位移复位。

触发位移:指实际触发点相对于存储器中点的位置。转动水平POSITION旋钮,可水平移动触发点。

4. 触发系统的使用

触发控制区(TRIGGER)有一个旋钮、三个按键如图 Y2－1－12 所示。

(1) 使用LEVEL旋钮改变触发电平设置

转动LEVEL旋钮,发现屏幕上出现一条桔红色的触发线以及触发标志,随旋钮转动而上下移动。停止转动旋钮,此触发线和触发标志会在约 5 s 后消失。在移动触发线的同时,可以观察到在屏幕上触发电平的数值发生了变化。

触发电平恢复到零点快捷键:旋动LEVEL垂直旋钮不但可以改变触发电平值,还可以通过按下该旋钮作为设置触发电平恢复到零点的快捷键。

(2) 使用MENU显示触发操作菜单(见图 2－1－13),改变触发的设置并观察状态的变化

- 按 1 号菜单操作按键,选择边沿触发。
- 按 2 号菜单操作按键,选择“信源选择”为 CH1。
- 按 3 号菜单操作按键,设置“边沿类型”为上升沿。
- 按 4 号菜单操作按键,设置“触发方式”为自动。
- 按 5 号菜单操作按键,进入“触发设置”二级菜单,对触发的耦合方式,触发灵敏度和触发释抑时间进行设置。

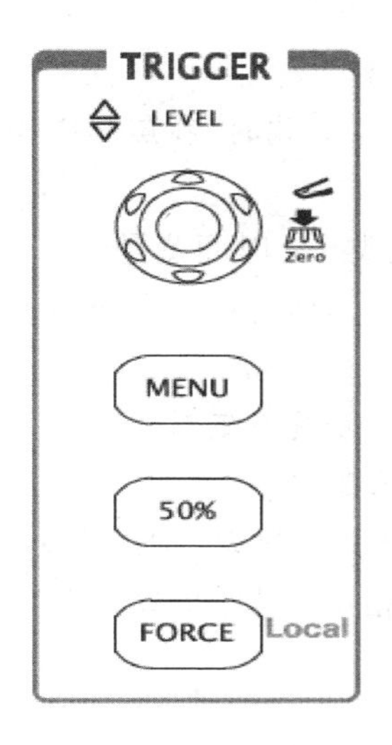

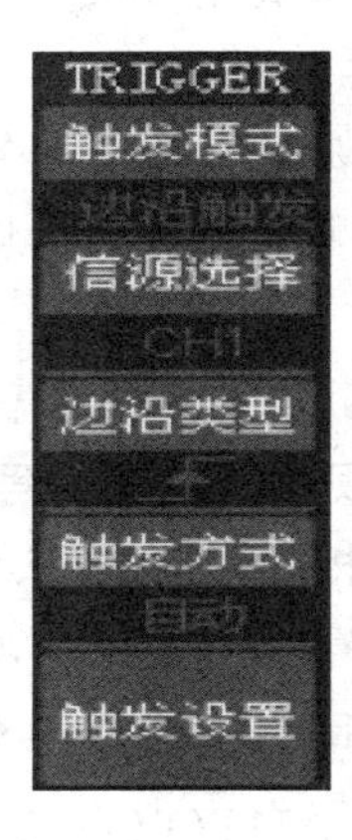

图 Y2－1－12　触发控制区

图 Y2－1－13　触发设置菜单

注意:改变前三项的设置会导致屏幕右上角状态栏的变化。

(3) 按下50%按钮,设定触发电平在触发信号幅值的垂直中点。

(4) 按下FORCE按钮:强制产生一触发信号,主要应用于触发方式中的“普通”和“单次”模式。

触发释抑：指重新启动触发电路的时间间隔。旋动多功能旋钮↻，可设置触发释抑时间。

5. 使用实例

例一：测量简单信号。

观测电路中一个未知信号，迅速显示和测量信号的频率和峰峰值。

(1) 迅速显示该信号的操作步骤

① 将探头菜单衰减系数设定为10X，并将探头上的开关设定为10X。

② 将通道1的探头连接到电路被测点。

③ 按下 AUTO （自动设置）按钮。

示波器将自动设置使波形显示达到最佳。在此基础上，可以进一步调节垂直、水平挡位，直至波形的显示符合要求。

(2) 进行自动测量

示波器可对大多数显示信号进行自动测量。欲测量信号频率和峰峰值，按如下步骤操作：

① 测量峰峰值：按下 MEASURE 钮以显示自动测量菜单。按下1号菜单操作键以选择信源CH1。

按下2号菜单操作键选择测量类型：电压测量。

在电压测量弹出菜单中选择测量参数：峰峰值。此时，在屏幕左下角发现峰峰值的显示。

② 测量频率：按下3号菜单操作键选择测量类型：时间测量。

在时间测量弹出菜单中选择测量参数：频率。此时，在屏幕下方发现频率的显示值。

注意：测量结果在屏幕上的显示会随被测信号的变化而改变。

例二：观察正弦波信号通过电路产生的延迟和畸变。

与上例相同，设置探头和示波器通道的探头衰减系数为10X。将示波器CH1通道与电路信号输入端相接，CH2通道则与输出端相接。操作步骤如下：

(1) 显示CH1通道和CH2通道的信号

① 按下 AUTO （自动设置）按钮。

② 继续调整水平、垂直挡位直至波形显示满足测试要求。

③ 按 CH1 键选择通道1，旋转垂直（VERTICAL）区域的垂直 **POSITION** 旋钮调整通道1波形的垂直位置。

④ 按 CH2 键选择通道2，如前③操作，调整通道2波形的垂直位置，使通道1、2的波形既不重叠在一起，又利于观察与比较。

(2) 测量正弦信号通过电路后产生的延时并观察波形的变化

① 自动测量通道延时：

按下 MEASURE 按钮以显示自动测量菜单。

按下 1 号菜单操作键以选择信源 CH1。

按下 3 号菜单操作键选择时间测量。

在时间测量选择测量类型：例如：频率、周期、上升时间、下降时间。延迟 1→2（通道 1、2 相对于上升沿的延时）；相位 1→2（通道 1、2 相对于上升沿的相位差）。

② 观察波形的变化，见图 Y2－1－14。

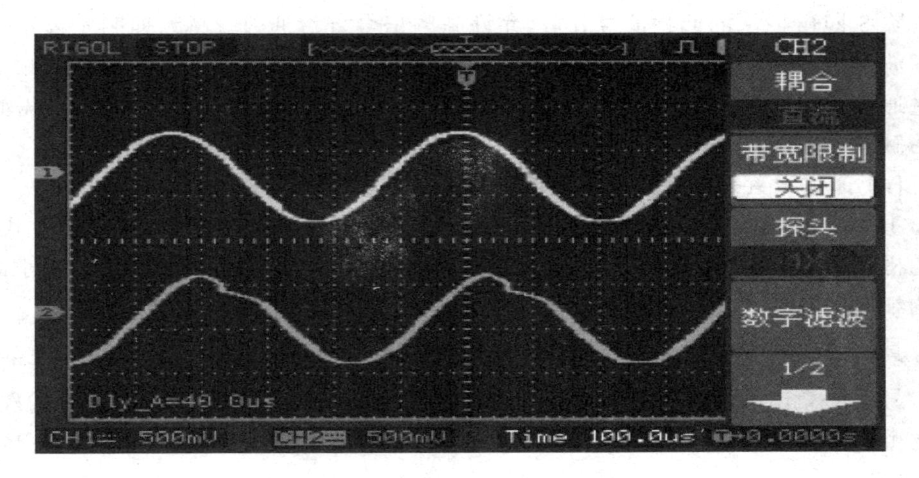

图 Y2－1－14　波形畸变示意图

例三：减少信号的随机噪声。

如果被测试的信号叠加了随机噪声，可通过调整本示波器的设置，滤除或减小噪声，避免其在测量中对本体信号的干扰，波形如图 Y2－1－15 所示。

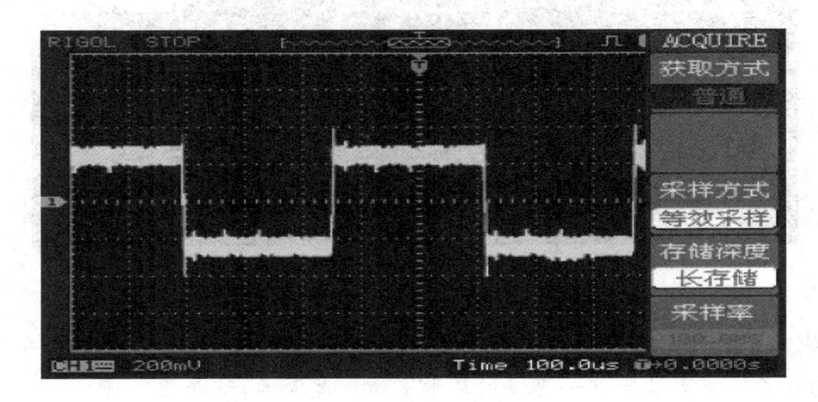

图 Y2－1－15　叠加噪声的波形

操作步骤如下：

(1) 设置探头和 CH1 通道的衰减系数。

(2) 连接信号使波形在示波器上稳定地显示。

水平时基和垂直挡位的调整见前面 3. 水平系统的使用和 4. 触发系统使用中的相应描述。

(3) 通过设置触发耦合改善触发：

① 按下触发(TRIGGER)控制区域 MENU 按钮，显示触发设置菜单。

② 触发设置→耦合选择低频抑制或高频抑制：低频抑制是设定一高通滤波器，可滤除 8 kHz 以下的低频信号分量，允许高频信号分量通过。高频抑制是设定一低通滤波器，可滤除 150 kHz 以上的高频信号分量(如 FM 广播信号)，允许低频信号分量通过。通过设置低频抑制或高频抑制可以分别抑制低频或高频噪声，以得到稳定的触发。

(4) 通过设置采样方式和调整波形亮度减少显示噪声

① 如果被测信号叠加了随机噪声，导致波形过粗。可以应用平均采样方式，去除随机噪声的显示，使波形变细，便于观察和测量。取平均值后随机噪声被减小而信号的细节更易观察。

具体的操作是：按面板 MENU 区域的 ACQUIRE 按钮，显示采样设置菜单。按 1 号菜单操作键设置获取方式为平均状态，然后按 2 号菜单操作键调整平均次数，依次由 2～256 以 2 倍数步进，直至波形的显示满足观察和测试要求如图 Y2-1-16 所示。

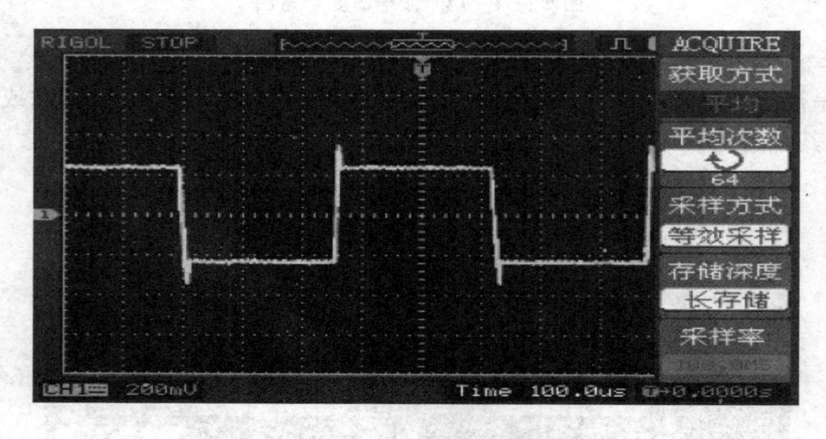

图 Y2-1-16 减少噪声后的波形

② 减少显示噪声也可以通过减低波形亮度来实现。

注意：使用平均采样方式使波形显示更新速度变慢，这是正常现象。

1.2　交流毫伏表

交流毫伏表是一种在电子实验中经常用到的测量小信号的精密仪表，实验室配备有同惠(Tonghui)TH1912A数字交流毫伏表。采用智能化微处理器控制技术、优良的放大器电路和A/D线性检波器使测量电压的固有误差优于1%。贴片生产及装配工艺使毫伏表具有体积小、重量轻、稳定可靠性高、测量速度快、频率响应误差小等优良性能。下面介绍该仪器详细技术指标和使用注意事项。

1. TH1912A交流毫伏表的技术指标

图 Y2-2-1　TH1912A交流毫伏表

TH1912A(5～5 MHz)型为多功能可组合 $4\frac{1}{2}$ 位双通道数字VFD(Vacuum Fluorescent Display真空荧光显示屏)显示交流毫伏表，测量5 Hz～5 MHz正弦电压，也可作为功率计和电平表使用，能同时显示测量值及运算值。毫伏表输入电阻为1 MΩ；并联电容约30 pF使用电压测试探头：×10时，输入电阻为10 MΩ(不保证测试精度)。不同信号源的源阻抗设置测量功率和dBm值。浮地(Float)和接地(GND)设置，适应不同测试需要(开机默认为浮地设置)。具有自动和手动量程转换功能。

TH1912A测量范围如下：

- 频率范围：5 Hz～5 MHz。
- 测量电压范围：50 μV～300 V，分辨率：0.1 μV。

  测量功率电平：−83.8～51.76 dBm(0 dBm=1 mW，600 Ω负载)。

  测量功率：0.004 17 nW～150 W(负载电阻 R=600 Ω，负载电阻可设)。

  测量电压电平dBV范围：−86～49.54 dBV(0 dBv=1 V)。

  测量电压电平dBmV范围：−26～109.5 dBmV(0 dBmV=1 mV)。

  测量电压电平dBμ范围：34～169.54 dBμV(0 dBμV=1 μV)。
- 测量显示功能：双数字多功能可组合VFD显示，主显示一种读数，副显示可调出相应参数读数绝对值：mV，V，W，dBm，dBV，dBmV，dBμV，最大峰值电压 V 相对值：dB，%，max/min 。

- 软件菜单设置：测量功率及 dBm，源负载电阻任意设置。测量 dB，%，max/min 参考值设置。接地（GND），浮地（Float）设置且有安全警示。
- 标配 RS－232C 接口，SCPI 命令编程支持。

编程语言及控制接口：毫伏表提供 SCPI 编程控制语言，提供 RS－232C 控制接口。

电源电压：220 V±10%，电源频率：50 Hz/60 Hz±5%，功耗：≤10 V·A。

正常工作温度：0～40 ℃，湿度≤90%RH，重量约 2.5 kg。

体积（W×H×D）：225 mm×100 mm 315 mm。

2. TH1912A 晶体管毫伏表的使用方法

TH1912 的前面板如图 Y2－2－2 所示。该图内一些重要简短的信息应该在操作仪器之前加以浏览。

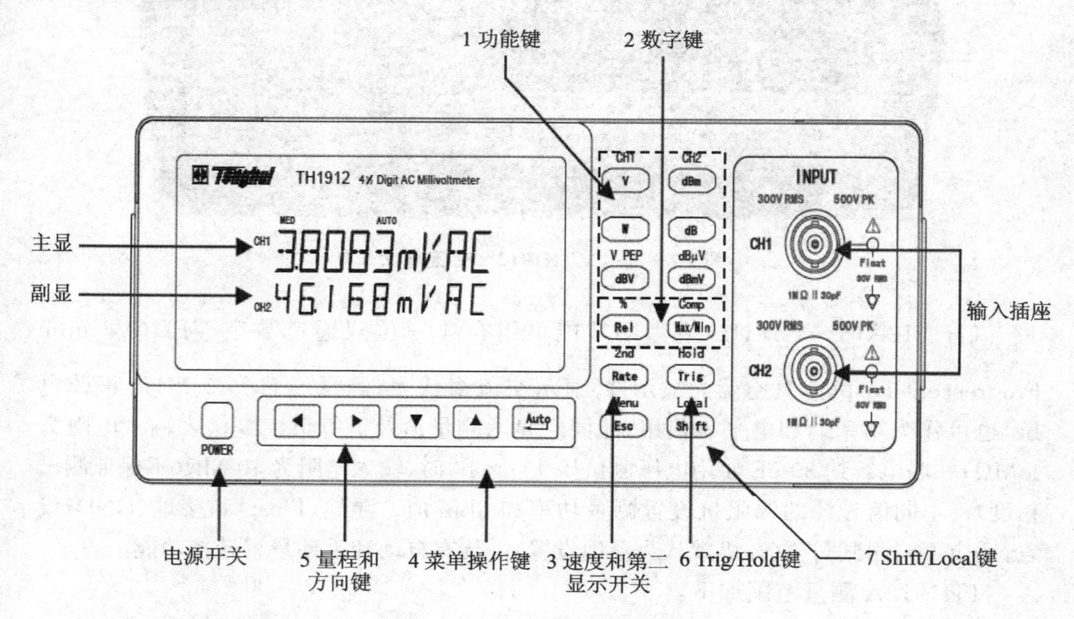

图 Y2－2－2　TH1912 的前面板

(1) 功能键

选择测量功能：交流电压有效值（V）、电压峰峰值（V）、功率（W）、功率电平（dBm）、电压电平（dBV、dBmV、dBμV）、相对测量值（dB）。

(2) 数学键

打开或关闭数学功能（Rel /%，max/min/Comp，Hold）。

(3) 速度和双显开关 2 nd

[Rate] 依次设置仪器测量速度为 Fast,Medium 和 Slow。

[Shift]+[Rate] 打开和关闭第二显示。

(4) 菜单操作键

[Shift]+[Esc] 打开/关闭菜单。

[◀] 在同一级菜单移动可选项。

[▶] 在同一级菜单移动可选项。

[▲] 移动菜单到上一级。

[▼] 移动菜单到下一级。

[Auto] 保存(Enter)“参数”级的参数改变。

[Esc] 在设置数值时,取消(Esc) 数值的设定,回到“命令”级。

(5) 量程和方向键

[◀] 在第二显示打开后选择副参数组合显示。

[▶] 在第二显示打开后选择副参数组合显示。

[▲] 移动到上一个高量程。

[▼] 移动到下一个高量程。

[Auto] 使能/取消自动量程。

(6) Trig/Hold 键

[Trig] 从前面板触发一次测量。

[Shift]+[Trig] 锁定一个稳定的读数。

(7) Shift/Local 键

[Shift] 使用该键访问上挡键。

[Shift] (Local) 取消 RS-232C 远程控制模式。

(8) 电压测量方法

仪器前面板共有两排可供选择各种功能和操作的按键,大部分按键上面有一用蓝色字体标记的上挡功能。如果要执行上挡功能,可按下 Shift 按键(Shift 标记将会点亮),再按下你所期望的功能键。例如:如果按下 Shift 键,再次按下该键,Shift 标记将关闭。

TH1912 电压测量范围:3.8 mV,38 mV,380 mV,3.8 V,38 V ,300 V(500 V 峰值);最高分辨率是 0.1 μV(在 3.8 mV 量程)。

假如 TH1912 处于厂家设定的条件下,操作流程如下:

① 电压探头 BNC 接到交流毫伏表 BNC 插座上(测小电压时,探头接地线尽量短,防干扰电压接入)。

② 按 Auto 键锁定自动量程功能。当启动此功能后，应注意 AUTO 标记被点亮。如若手动量程，使用量程[▲]和[▼]键去选择与期望电压一致的测量范围。

③ 读取显示屏上的读数。

默认状态下副显通过按[◀]或[▶]键可以滚动显示出除当前主显外所有功能（包括另一通道的所有功能显示）。

副参数的组合显示的各种组合如表 Y2-2-1 所列。

按[Shift]+[Rate]键来开启第二显示功能。

按[◀]或[▶]键来选择当前主显功能下的各种副参数组合显示，具体如图 Y2-2-1 所示。

再次按[Shift]+[Rate]键关闭关闭第二显示功能，主显不受影响。

表 Y2-2-1　主显功能下可能的副显功能的各种组合

主　显	第二显示							
	[◀]							[▶]
V	dBm	dB	W	dBV	Vp-p	dBmV	dBμV	
dBm	dB	W	dBV	Vp-p	dBmV	dBμV	V	
W	dBV	Vp-p	dBmV	dBμV	V	dBm	dB	
dB	W	dBV	Vp-p	dBmV	dBμV	V	dBm	
dBV	Vp-p	dBmV	dBμV	V	dBm	Vp-p	W	
dBmV	dBμV	V	dBm	Vp-p	W	dBV	Vp-p	
Vp-p	dBmV	dBμV	V	dBm	dB	W	dBV	
dBμV	V	dBm	dB	W	dBV	Vp-p	dBmV	
Percentage（%）（测试值）	%							
Comp（测试值）	HI,IN,LO,PASS,FAIL							
Max/Min（测试值）	Max			Min				

预习二　实验室中的噪声及其抑制

电子电路测量与实验的过程就是将某种形式的被测信号，经过一系列的变换与信息处理，最后得到与被测信号有唯一确定关系的测量结果。为此，除了正确的测量方法外，还必须排除无用的信号经过任何非正常的渠道对测量结果的影响，否则被测量信号通过非正常渠道造成测量系统不稳定。

电子技术中把一切来自设备或系统内部的无用信号称为噪声，把一切来自设备或系统外部的无用信号称为干扰，常将两者统称为噪声。

一、噪声的来源

不同的原因可能引起不同的噪声，但从总的来看可分为内部噪声和外部干扰。

1. 内部噪声

① 热骚动噪声　电阻在热能作用下，由于电子骚动所产生的噪声几乎覆盖整个频谱，这种噪声除了在超低温外是不可避免的。温度越低噪声越小，所以要尽量抑制温度的上升。

② 散粒(效应)噪声　半导体中的载流子都是一个个彼此孤立的，所以在各个短暂的瞬间，它们都不是连续的而是不规则的，它也是频谱范围很宽的的噪声。

③ 交流声　电子设备需要的直流电源，一般都是使用交流市电整流而得。当平滑滤波的性能不很好时，便会混入交流而产生噪声；还有电源变压器漏磁通都会产生交流分量而成为噪声。

④ 接触不良引起的噪声　电路布线的连接不牢靠或开关接点接触不良都会引起噪声。

⑤ 尖峰或振铃噪声　由电流在电路中的突变而在电感中引起的冲击形成衰减振荡产生的噪声。

⑥ 感应噪声　由于电路布线或元件相互间的电感应、磁感应或电磁感应使各电路间互相干扰产生的噪声。

⑦ 内部失真引起的噪声　信号波形由于电路条件而产生畸变，其高次谐波分量受电路参数的影响更大，从而形成噪声。

⑧ 自激振荡　它是由于具有放大功能的电路中，其输出的一部分通过“寄生耦合”以正反馈加至输入而产生的。

2. 外部噪声(干扰)

① 天电噪声　雷电现象或大气的电气作用以及其他气象现象产生的电波或空

间电位变化所引起的噪声。

② 来自其他设备的干扰引起的噪声　一般来说，动力机械是一个较强的噪声源，使用整流子的电动机、高频炉及电焊机等也要产生噪声。

③ 无用电波产生的噪声　由于无用电波（其中包括有意或无意的）的影响而感应的噪声。

④ 天体噪声　太阳或其他恒星辐射的电磁波产生的噪声，分别称为太阳噪声、宇宙噪声。

二、噪声的一般途径

产生噪声与干扰的途径多种多样，大体可分为寄生耦合与电磁辐射耦合两大类。

1. 寄生耦合

(1) 公共阻抗寄生耦合

实验与测量装置中最常见的公共阻抗是地线电阻与电源内阻。电工实验中，往往要求各仪器与实验设备有公共接地点，由于焊片的氧化、虚焊与接地线之间形成较大的接地电阻或由于地线本身的电阻不能忽略，这些统称为地线电阻，由此，通过地线电阻就会产生寄生耦合；另外，当几个电路单元或实验装置共用一组直流电源时，如果电源内阻不够低就会通过该内阻形成寄生耦合，可以引起信号串扰。

(2) 分布电容的寄生耦合

测量装置中的仪器、实验装置、元器件、接地、人体等之间以及实验装置中，级与级之间都存在着极为复杂的分布电容，它是在电路图中没有表示出来而又客观存在的寄生耦合。当工作频率较高时，这种寄生耦合尤为严重，可造成极大的测量误差。

(3) 分布电感的寄生耦合

电路图上的一根导线，除有电阻值外，还存在分布电感，工作频率越高其感抗越大。如果输入线与输出线比较靠近，那么将会通过寄生磁耦合，构成非正常耦合渠道。尤其对于电感线圈、各类变压扼流圈，更要防止其通过互感及电磁耦合形成的非正常信号通道。

2. 电磁辐射耦合

当实验装置的工作频率较高时（一般在几千赫以上），过长的信号传输线、控制线、输入及输出级均会呈现一定的天线效应，这不仅会将测试信号辐射出去构成非正常渠道，而且还会吸收其他非正常渠道辐射来的干扰信号。

三、噪声的抑制方法

一般地说，噪声的来源和途径都很复杂，在实验过程中应根据具体情况采取相应措施对噪声加以抑制。通常采取以下方法。

1. 减小公共阻抗耦合

采用一点接地，减小接地电阻的影响；采用退耦合电路减小电源内阻的影响，退耦合电路的作用是防止负载端产生的变动成分返回电源端，从而对电路其他部分产生干扰。也就是说，当把负载端电路看成噪声源时，退耦合电容器的作用就跟滤波电容作用一样，如图 Y2－2－1 所示。图中大电容（电解电容）并一个小容量电容就是为了克服电解电容的高频寄生电感的效应。

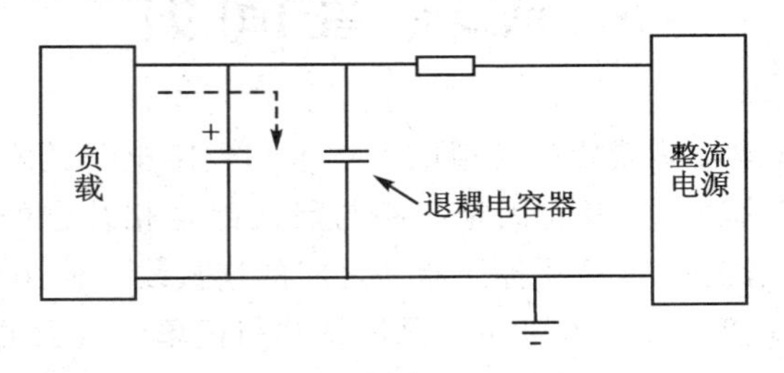

图 Y2－2－1 退耦合电路连接法

2. 减小分布参数的影响

为了减小分布参数的影响，要合理布线。如高增益及高频电路的输入与输出端要彼此远离，最好加以屏蔽；操作时，人体不应太靠近实验中的高频部分，高频信号的传输要采用金属屏蔽线等。

为了减小分布电感的影响，实验中的接线应尽量短，交流、直流、强信号、弱信号等连线应分开。

3. 减小干扰电平或避免干扰的影响

减小干扰电平或避免干扰的影响最有效的措施是对干扰源进行电磁屏蔽。

两个相互绝缘的导体相对放置时，一方的电荷变化必然要通过电力线影响另一方，但若在中间放置一接地的金属导体，就有了静电屏蔽的作用，作屏蔽用的金属导体可以是薄铝箔或铜箔。

磁屏蔽也和静电屏蔽一样，屏蔽的目的要对其他部分不产生噪声影响，另一作用是保护特定的部分使之不受外部影响。为了取得好的磁屏蔽效果，应该选择导磁率高的硅钢片。

四、实验中抑制干扰应注意的事项

① 接地不良可以引入干扰并使仪表过负荷。

② 接地程序不对可能会使电路中的某些器件烧毁。

对于高灵敏度、高输入阻抗的电子测量仪器必须养成先接地线再接信号线进行测量的习惯，否则可能造成过负荷，甚至烧毁电表。

③ 仪器的信号线与地线接反即共地会引入干扰。

④ 高输入阻抗的仪表（如示波器、晶体管毫伏表）输入端开路也会引入干扰。了解这一点可知，晶体管毫伏表使用完毕必须将旋钮置于最大挡位置，否则，如果旋钮置于最小挡位置，一开机，即使晶体管毫伏表输入端开路干扰也会使指针出现打表现象。

预习三　DZX－2型电子学实验装置简介

DZX－2型电子学实验装置为模拟电子技术和数字电子技术课程提供了灵活的实验平台,配套的实验功能板具有固定线路与灵活组合相结合的特点。模电实验功能板上绘制了实验电路图、元件及各元器件之间的连接线。使用时,只须切换实验电路图中的开关或改变接线方式即可做出晶体管共射极单管放大器、两级放大器、负反馈放大器、射极跟随器、三极放大器、差动放大器、RC串并联选频网络振荡器、低频OTL功率放大器等八项实验内容。为了接线方便,在两块实验板四周各设置了几处互相连接的地线插孔(数电板有3处,模电板有4处)。在数电实验板上还设置了两处与+5 V直流稳压电源相连(在印刷线路板面)的电源输出插口。

实验装置主要组成部件简介如下:

1. 电源部分

两块实验板均装有一只电源总开关(开/关)及一只熔断器(1 A)作短路保护用。两块实验板各装有四路直流稳压电源(±5 V、1 A及两路0~18 V、0.75 A可调的直流稳压电源)。开启直流电源处各分开关,±5 V输出指示灯亮,表示±5 V的插孔处有电压输出;而0~18 V两组电源,若输出正常,其相应指示灯的亮度则随输出电压的升高而由暗渐趋明亮。这四路输出均具有短路软截止自动恢复保护功能。两路0~18 V直流稳压电源为连续可调的电源,若将两路0~18 V电源串联,并令公共接地,可获得0~±18 V可调电源;若串联后令一端接地,可获得0~36 V可调的电源。用户可用控制屏上的数字直流电压表测试稳压电源的输出及其调节性能。数电实验台上标有“+5 V”处,表示实验时须用导线将直流电源+5 V引入该处,是+5 V电源的输入插口。

2. 6位十六进制七段译码器与LED数码显示器

每一位译码器均采用可编程器件PAL设计而成,具有十六进制全译码功能。显示器采用LED共阴极绿色数码管(与译码器在反面已连接好),可显示四位BCD码十六进制的全译码代号:0、1、2、3、4、5、6、7、8、9、A、B、C、D、E、F。

使用时,只要用锁紧线将+5 V电源接入电源插孔“+5 V”处即可工作,在没有BCD码输入时六位译码器均显示“F”。

3. 4位BCD码十进制拨码开关组

每一位的显示窗指示出0~9中任一个十进制数字,在A、B、C、D四个输出插口处输出相对应的BCD码。每按动一次“+”或“－”键,将顺序地进行加1计数或减1

计数。

若将某位拨码开关的输出口A、B、C、D连接在“2”的一位译码显示的输入端口A、B、C、D处，当接通+5 V电源时，数码管将点亮显示出与拨码开关指示一致的数字。

4. 十六位逻辑电平输入

在接通+5 V电源后，当输入口接高电平时，所对应的LED发光二极管点亮；输入口接低电平时，则熄灭。

5. 十六位开关电平输出

提供16只小型单刀双掷开关及与之对应的开关电平输出插口，并有LED发光二级管予以显示。当开关向上拨(拨向“高”)时，与之相对应的输出插口输出高电平，且其对应的LED发光二极管点亮；当开关向下拨(拨向“低”)时，相对应的输出口为低电平，则其所对应的LED发光二级管熄灭。

使用时，只要开启+5 V稳压电源处的分开关，便能正常工作。

6. 提供两路正、负单次脉冲源

提供两路正、负单次脉冲源是：频率为1 Hz、1 kHz、20 kHz连续可调的脉冲信号源；频率为0.5～200 kHz的连续可调计数脉冲。使用时，只要开启+5 V直流稳压电源开关，各个输出插口即可输出相应的脉冲信号。

(1) 两路单次脉冲源

每按一次单次脉冲按键，在其输出口“_|¯|_”和“_|¯|_”分别送出一个正、负单次脉冲信号。“单次脉冲1”由LED发光二级管“H”和“L”予以指示，“单次脉冲2”为防抖键控脉冲信号。

(2) 频率为1 Hz、1 kHz、20 kHz连续可调的脉冲信号源

接通电源后，其输出口将输出连续的幅度为3.5 V的方波脉冲信号。其输出频率由“频率范围”波段开关的位置(1 Hz、1 kHz、20 kHz)决定，并通过“频率调节”多圈电位器对输出频率进行细调，并有LED发光二极管指示是否有脉冲信号输出，当频率范围开关置于1 Hz挡时，LED发光指示灯按1 Hz左右的频率闪亮。

(3) 频率连续可调的计数脉冲信号源

本脉冲源能在很宽的范围内(0.5～200 kHz)调节输出频率，可用作低频计数脉冲源：在中间一段较宽的频率范围，则可用作连续可调的方波激励源。

7. 直流数字电压表

直流数字电压表由三位半A/D变换器LIC7107和四个LED共阳极红色数码管组成，量程分2 V、20 V、200 V三挡，由琴键开关切换量程。被测电压信号应并接在“+”和“-”两个插口处。使用时要注意选择合适的量程，本仪器有超量程指示，当输入信号超量程时，显示器的首位将显示“1”，后三位不亮。若显示为负值，表明输入信

号极性接反了,改换接线即可。按下"关"键,即关闭仪表的电源,停止工作。

8. 直流数字毫安表

直流数字毫安表的结构均类同直流数字电压表,只是测量对象是电流,即仪表的"+""-"两个输入端应串接在被测的电路中;量程分 2 mA、20 mA、200 mA 三挡。

9. 函数信号发生器

本信号发生器是由单片集成函数信号发生器 ICL8038 及外围电路组合而成。其输出频率范围为 15 Hz~90 kHz,输出幅度峰峰值为 0~15V,有开关控制,并装有熔断器(0.5 A)作短路保护用。使用时只要开启"函数信号发生器"开关,此信号源即进入工作状态。两个电位器旋钮用于输出信号的"幅度调节"(左)和"频率调节"(右)。函数信号发生器有"波形选择"和"频段选择"按键,并用于波形选择和频率粗调选择。波形有正弦波、三角波和方波;输出信号的频率范围为 15 Hz~90 kHz。

10. 频率计

本频率计是由单片机 89C2051 和六位共阴极 LED 数码管设计而成,分辨率为 1 Hz,测频范围为 1 Hz~300 kHz。只要开启"函数信号发生器"开关,频率计即进入待测状态。

将频率计处开关(内测/外测)置于"内测",即可测量"函数信号发生器"本身的信号输出频率。将开关置于"外测",则频率计显示由"输入"插口输入被测信号的频率。

在使用过程中,如遇瞬时强干扰,频率计可能出现死锁,此时只要按一下复位"RES"键,即可自动恢复正常工作。

实验一　常用电子仪器的使用

一、实验目的

① 学习电子电路实验中常用的电子仪器——示波器、函数信号发生器、直流稳压电源、交流毫伏表、频率计等的主要技术指标、性能及正确使用方法。

② 初步掌握用双踪示波器观察正弦信号波形和读取波形参数的方法。

二、实验原理

在电子电路实验中，经常使用的电子仪器有示波器、函数信号发生器、直流稳压电源、交流毫伏表及频率计等。它们和万用电表一起，可以完成对电子电路的静态和动态工作情况的测试。

实验中要对各种电子仪器进行综合使用，可按照信号流向，以连线简捷，调节顺手，观察与读数方便等原则进行合理布局，各仪器与被测实验装置之间的布局与连接如图 2-1-1 所示。接线时应注意，为防止外界干扰，各仪器的公共接地端应连接在一起，称共地。信号源和交流毫伏表的引线通常用屏蔽线或专用电缆线，示波器接线使用专用电缆线，直流电源的接线用普通导线。

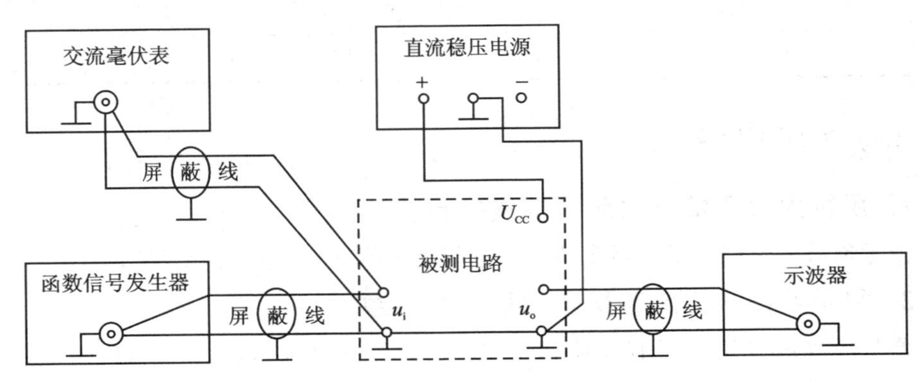

图 2-1-1　模拟电子电路中常用电子仪器布局图

1. 示波器

示波器是一种用途很广的电子测量仪器，它既能直接显示电信号的波形，又能对电信号进行各种参数的测量。其原理及使用练习见预习一“常用电子仪器”介绍中 1.1 示波器的有关内容。

2. 函数信号发生器

函数信号发生器按需要输出正弦波、方波、三角波三种信号波形。输出电压最大可达 20 V。通过输出衰减开关和输出幅度调节旋钮,可使输出电压在毫伏级到伏级范围内连续调节。函数信号发生器的输出信号频率可以通过频率分挡开关进行调节。

函数信号发生器作为信号源,它的输出端不允许短路。

3. 交流毫伏表

交流毫伏表只能在其工作频率范围之内,用来测量正弦交流电压的有效值。为了防止过载而损坏,测量前一般先把量程开关置于量程较大位置上,然后在测量中逐挡减小量程。实验室配备有 TH1912A 型交流毫伏表,其测量方法及使用注意事项见预习一常用电子仪器的 1.2“交流毫伏表”的相关内容。

三、实验设备与器件

表 2-1-1 是常用实验设备与器件的名称与型号规格。

表 2-1-1 常用实用设备与器件的名称与型号规格

序 号	名 称	型号与规格	数 量	备 注
1	函数信号发生器	0～30 V	1	综合试验台
2	双踪示波器	DS1052E	1	
3	交流毫伏表	TH1912A	1	
4	电阻、电容元件	$C=0.01\ \mu F$、$R=10\ k\Omega$	1	

四、实验内容

1. 用机内校正信号对示波器进行自检

参考预习一常用电子仪器章节内容进行示波器、交流毫伏表使用练习。

2. 用示波器和交流毫伏表测量信号参数

调节函数信号发生器有关旋钮,使输出频率分别为 500 Hz、1 kHz、10 kHz、100 kHz,有效值均为 1 V(交流毫伏表测量值)的正弦波信号。

改变示波器“扫速”开关及垂直“灵敏度”开关等位置,测量信号源输出电压频率及峰峰值,记入表 2-1-2 中。

表 2-1-2　信号源输出电压频率及峰峰值的测试记录

信号电压频率	示波器测量值		信号电压毫伏表读数/V	示波器测量值	
	周期/ms	频率/Hz		峰峰值/V	有效值/V
500 Hz					
1 kHz					
10 kHz					
100 kHz					

3. 测量两波形间的相位差

(1) 观察双踪显示波形"交替"与"断续"两种显示方式的特点

CH1、CH2 通道均不加输入信号，输入耦合方式置"GND"，扫速开关置扫速较低挡位(如 0.5s/div 挡)和扫速较高挡位(如 5 μs/div 挡)，把显示方式开关分别置"交替"和"断续"位置，观察两条扫描基线的显示特点，记录之。

(2) 用双踪显示测量两波形间相位差

① 按图 2-1-2 连接实验电路，将函数信号发生器的输出电压调至频率为 1 kHz、幅值为 2 V 的正弦波，经 RC 移相网络获得频率相同但相位不同的两路信号 u_i 和 u_R，分别加到双踪示波器的通道 CH1 和 CH2 输入端。

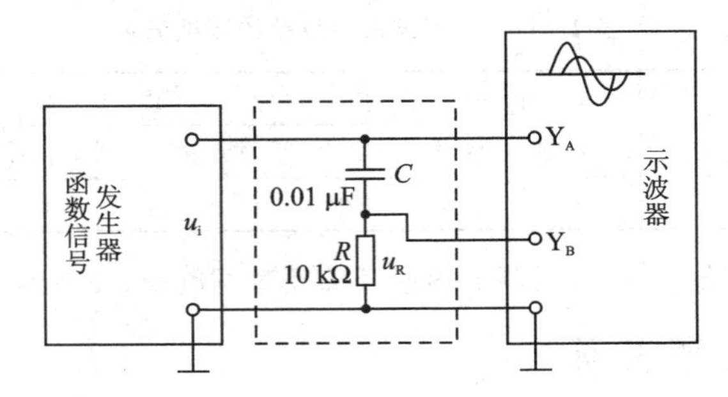

图 2-1-2　两波形间相位差测量电路

为便于稳定波形，比较两波形相位差，应使内触发信号取自被设定作为测量基准的一路信号。

② 把显示方式开关置"交替"挡位，将 CH1、CH2 输入耦合方式开关置"⊥"挡位，调节 CH1、CH2 的(↑↓)移位旋钮，使两条扫描基线重合。

③ 将 CH1、CH2 输入耦合方式开关置"AC"挡位，调节触发电平、扫速开关及 CH1、CH2 灵敏度开关位置，使在荧屏上显示出易于观察的两个相位不同的正弦波形 u_i 及 u_R，如图 2-1-3 所示。根据两波形在水平方向差距 X，及信号周期 X_T，则可求得两波形相位差。

$$\theta=\frac{X(\text{div})}{X_T(\text{div})}\times 360^\circ$$

式中：X_T—— 一周期所占格数；

X——两波形在 X 轴方向差距格数。

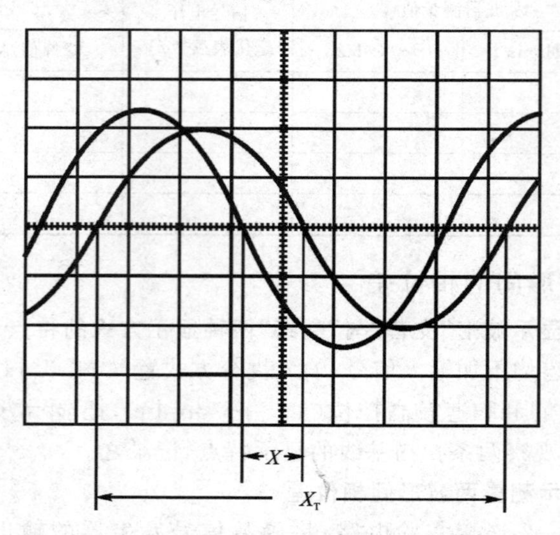

图 2-1-3　双踪示波器显示两相位不同的正弦波

记录两波形相位差于表 2-1-3。

表 2-1-3　两波形相位差的测试记录

一周期格数	两波形 X 轴差距格数	相位差	
		实 测 值	计 算 值
X_T=	X=	θ=	θ=

为读数和计算方便，可适当调节扫速开关及微调旋钮，使波形一周期占整数格。

五、实验注意事项

① 在用示波器测量幅值时，应注意将"CH1、CH2 微调旋钮"置于"校准"位置，即顺时针旋到底，且听到关的声音。在测量周期时，应注意将"扫描微调"旋钮置于"校准"位置，即顺时针旋到底，且听到关的声音。

② 要注意示波器"扩展"旋钮的位置。

六、思考题

① 已知 C=0.01 μF、R=10 kΩ，计算图 2-1-2 RC 移相网络的阻抗角 θ。

② 交流毫伏表是用来测量正弦波电压还是非正弦波电压？它的表头指示值是被测信号的什么数值？它是否可以用来测量直流电压的大小？

③ 函数信号发生器有哪几种输出波形？它的输出端能否短接，如用屏蔽线作为输出引线，则屏蔽层一端应该接在哪个接线柱上？

七、实验报告要求

① 整理实验数据，并进行分析。

② 已知 $C=0.01\ \mu F$、$R=10\ k\Omega$，计算图 2-1-2 RC 移相网络的阻抗角 θ。

③ 问题讨论：

1）如何操纵示波器有关旋钮，以便从示波器显示屏上观察到稳定、清晰的波形？

2）用双踪显示波形，并要求比较相位时，为在显示屏上得到稳定波形，应怎样选择下列开关的位置？

ⓐ 显示方式选择（CH1，CH2，CH1＋CH2，交替，断续）；

ⓑ 触发方式（常态，自动）；

ⓒ 触发源选择（内，外）；

ⓓ 内触发源选择（CH1、CH2、交替）。

八、预习要求

阅读预习一中有关示波器、交流毫伏表、函数信号发生器部分内容。

实验二　晶体管共射极单管放大器

一、实验目的

① 学习放大器静态工作点的调试方法,分析静态工作点对放大器性能的影响。

② 掌握放大器电压放大倍数、输入电阻、输出电阻及最大不失真输出电压的测试方法。

③ 熟悉常用电子仪器及模拟电路实验设备的使用。

二、实验原理

晶体管放大电路在日常生活中具有广泛的用途,因为它能够利用晶体三极管的电流控制作用把微弱的电信号放大到所要求的数值。对于一个好的放大电路要求放大后的信号应能逼真地反映原信号,而不应失真,这就要求放大电路静态工作点的选择必须合适。若选得过高(见图 2-2-1 中 Q'点),则输入信号较大时,在 u_i 的正半周,三极管很快进入饱和区,输出波形就产生饱和失真,如图中 i'_c和 u'_o波形;若选得过低(见图 2-2-1 中 Q''点),则在输入信号的负半周,三极管进入截止区,输出波形就产生截止失真,如图中 i''_c和 u''_o波形。为了得到最大不失真输出,静态工作点应选择在适当的位置。当输入信号幅度不大时,为了降低直流电源的能量损耗及降低噪声,在保证不产生截止失真和保证一定的电压放大倍数的前提下,可把 Q 点选择得低一些。

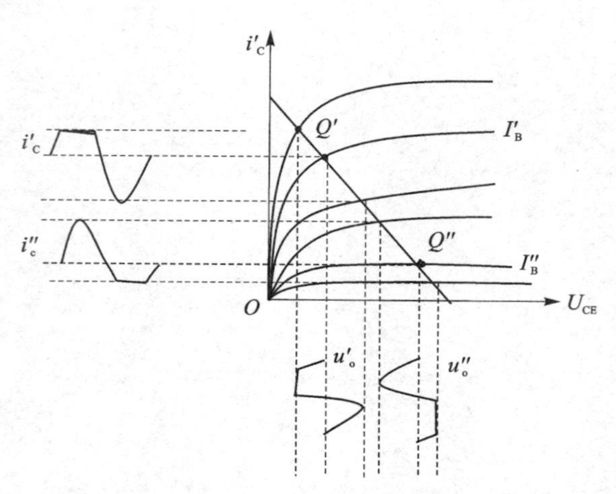

图 2-2-1　工作点的选择与波形失真

需要说明的是，上面所说的工作点"偏高"或"偏低"不是绝对的，它相对于信号的幅度而言，如输入信号幅度很小，即使工作点较高或较低也不一定会出现失真。确切地说，产生波形失真是信号幅度与静态工作点设置配合不当所致。如需满足较大信号幅度的要求，静态工作点最好尽量靠近交流负载线的中点。

要使放大电路稳定正常工作地工作，除了静态工作点的选择必须合适外，还应保持所选的静态工作点稳定，不应随着外界因素的变化而变化。图 2-2-2 为电阻分压式静态工作点稳定的单管放大电路，基极电路采用基极上偏置电阻 R_{B2} 和基极下偏置电阻 R_{B1} 组成分压电路；在发射极中接有电阻 R_E，以稳定放大器的静态工作点。当在放大器的输入端加入输入信号 u_i 后，放大器的输出端便可得到一个与 u_i 相位相反，幅值被放大了的输出信号 u_o，从而实现电压放大。

在图 2-2-2 电路中，当流过偏置电阻 R_{B1} 和 R_{B2} 的电流远大于三极管 T 的基极电流 I_B 时(一般 5～10 倍)，则它的静态工作点可由下式估算得出

$$I_E = \frac{V_B - U_{BE}}{R_E} \approx I_C, \qquad U_{CE} = U_{CC} - I_C(R_C + R_E)$$

$$V_B \approx \frac{R_{B1}}{R_{B1} + R_{B2}} U_{CC}, \qquad A_V = -\beta \frac{R_C /\!/ R_L}{r_{be}}$$

$$R_i = R_{B1} /\!/ R_{B2} /\!/ r_{be}$$

电压放大倍数　$$A_V = -\beta \frac{R_C /\!/ R_L}{r_{be}}$$

输入电阻　$$R_i = R_{B1} /\!/ R_{B2} /\!/ r_{be}$$

输出电阻　$$R_o \approx R_C$$

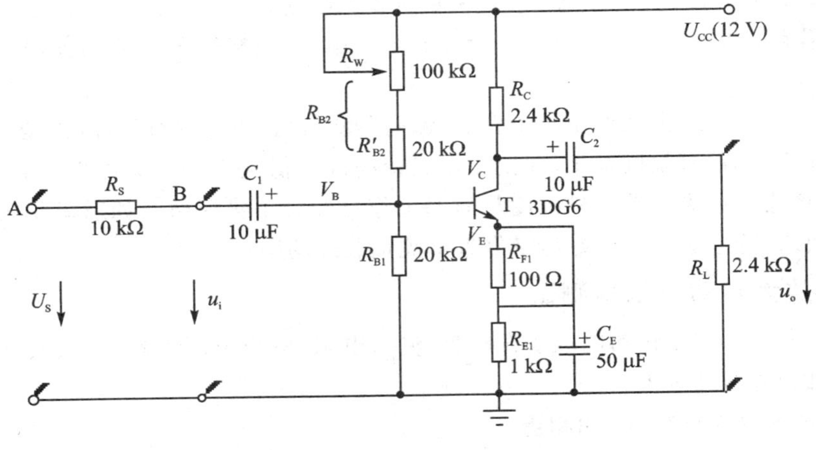

图 2-2-2　共射极单管放大电路

由于电子器件性能的分散性比较大，因此在设计和制作晶体管放大电路时，离不开测量和调试技术。在设计前应测量所用元器件参数，为电路设计提供必要依据，在

完成设计和装配以后，还必须测量和调试放大器的静态工作点和各项性能指标。一个优质放大器，必定是理论设计与实验调整相结合的产物。因此，除了学习放大器的理论知识和设计方法外，还必须掌握必要的测量和调试技术。

放大器的测量与调试一般包括：静态工作点的测量与调试，消除干扰与自激振荡及放大器各项动态参数的测量与调试等。

1. 放大器静态工作点的测量与调试

(1) 静态工作点的测量

测量放大器的静态工作点，应在输入信号 $u_i=0$ 的情况下进行，即将放大器输入端与地端短接，然后选用量程合适的直流毫安表和直流电压表，分别测量晶体管的集电极电流 I_C 以及各电极对地的电位 V_B、V_C 和 V_E。一般实验中，为了避免断开集电极，所以采用测量电压，然后算出 I_C 的方法。例如，只要测出 V_E，即可用 $I_C \approx I_E = V_E/R_E$ 算出，也可根据 $I_C=(U_{CC}-V_C)/R_C$ 得到；同时也能算出 $U_{BE}=V_B-V_E$，$U_{CE}=V_C-V_E$。为了减小误差，提高测量精度，应选用内阻较高的直流电压表。

(2) 静态工作点的调试

放大器静态工作点的调试是指对管子集电极电流 I_C或 U_{CE} 的调整与测试。

静态工作点的选择，对放大器性能和输出波形影响很大，这就要求放大电路静态工作点的选择必须合适；否则，工作点过高易产生饱和失真，工作点过低易产生截止失真，这都不符合不失真放大的要求。所以在选定工作点时还必须进行动态调试，即在放大器的输入端加入一定的 u_i，检查输出电压 u_o 的大小和波形是否满足要求，如不满足，则应调节静态工作点的位置。

改变电路参数 U_{CC}、R_C、R_B 都会引起静态工作点的变化(见图 2-2-1)，但通常多采用调节基极偏置电阻的方法来改变静态工作点，如减小 R_{B2}，则可使静态工作点提高等。

需要说明的是，上面所说的工作点“偏高”或“偏低”不是绝对的，应该是相对信号的幅度而言，如信号幅度很小，即使工作点较高或较低也不一定会出现失真，所以确切地说，产生波形失真是信号幅度与静态工作点配合不当所致。如需满足较大信号幅度的要求，静态工作点最好尽量靠近交流负载线的中点。

2. 放大器动态指标测试

放大器动态指标包括电压放大倍数、输入电阻、输出电阻、最大不失真输出电压(动态范围)和通频带等。

(1)电压放大倍数 A_u 的测量

调整放大器到合适的静态工作点，然后加入输入电压 u_i，在输出电压 u_o 不失真的情况下，用交流毫伏表测出 u_i 和 u_o 的有效值 U_i 和 U_o，则

$$A_u=\frac{U_o}{U_i}$$

(2) 输入电阻 R_i 的测量

为了测量放大器的输入电阻，按图 2-2-3 所示电路在被测放大器的输入端与信号源之间串入一个已知电阻 R，在放大器正常工作的情况下，用交流毫伏表测出 U_i 和 U_s，则根据输入电阻的定义可得

$$R_i=\frac{U_i}{I_i}=\frac{U_i}{\dfrac{U_R}{R}}=\frac{U_i}{U_s-U_i}R$$

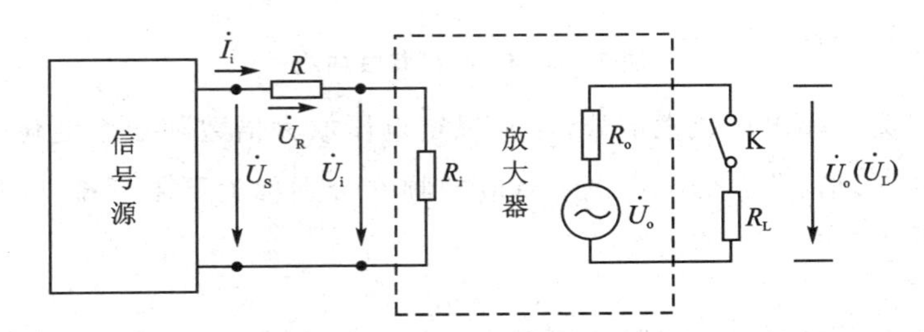

图 2-2-3　输入、输出电阻测量电路

测量时应注意：

① 由于电阻 R 两端没有电路公共接地点，所以测量 R 两端电压 U_R 时必须分别测出 U_i 和 U_s，然后按 $U_R=U_s-U_i$ 求出 U_R 值。

② 电阻 R 的值不宜取得过大或过小，以免产生较大的测量误差。通常 R 与 R_i 为同一数量级为好，本实验可取 $R=10\ \text{k}\Omega$。

(3) 输出电阻 R_o 的测量

如图 2-2-4 所示电路，在放大器正常工作条件下，测出输出端不接负载 R_L 的输出电压 U_o 和接入负载后的输出电压 U_L，根据

$$U_L=\frac{R_L}{R_o+R_L}U_o$$

即可求出 R_o，在测试中应注意，必须保持 R_L 接入前后输入信号的大小不变。

(4) 最大不失真输出电压 U_{OPP} 的测量(最大动态范围)

如上所述，为了得到最大动态范围，应将静态工作点调在交流负载线的中点。为此在放大器正常工作情况下，逐步增大输入信号的幅度，并同时调节 R_W(改变静态工作点)，用示波器观察 U_o。当输出波形同时出现削底和缩顶现象时，说明静态工作点已调在交流负载线的中点。然后反复调整输入信号，使波形输出幅度最大，且无明显失真时，用交流毫伏表测出 U_o(有效值)，则动态范围等于 $2\sqrt{2}U_o$，或用示波器直接读出 U_{OPP} 来。

(5) 放大器频率特性的测量

放大器频率特性是指放大器的电压放大倍数 A_u 与输入信号频率 f 之间的关系曲线。单管阻容耦合放大电路的幅频特性曲线如图 2-2-4 所示。

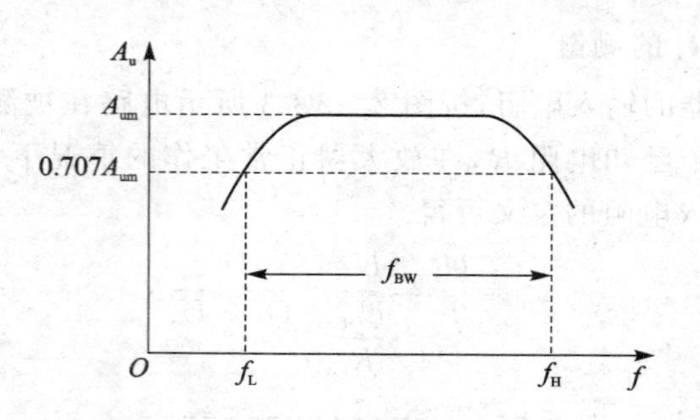

图 2-2-4　幅频特性曲线

图中 A_{um} 为中频电压放大倍数，通常规定电压放大倍数随频率变化下降到中频变化倍数的 $1/\sqrt{2}$ 倍（即 $0.707A_{um}$）所对应的频率分别称为下限频率 f_L 和上限频率 f_H，则通频带

$$f_{BW}=f_H-f_L$$

放大器的幅频特性就是测量不同频率信号时的电压放大倍数 A_u，因此每改变一个信号频率，测量其相应的电压放大倍数，测量时要注意取点要恰当，在低频段与高频段应多测几点。此外，在改变频率时，要保持输入信号的幅度不变，且输出波形不得失真。

三、实验设备与仪器

表 2-2-1 所列为共射极单管放大器实验所用的设备与仪器。

表 2-2-1　实验设备与仪器

序　号	名　称	型号与规格	数　量	备　注
1	直流电源	+12 V	1	综合实验台
2	函数信号发生器		1	综合实验台
3	双踪示波器	DS1052E	1	
4	数字万用表	MS8215	1	
5	交流毫伏表	TH1912A	1	
5	频率计		1	综合实验台
6	晶体三极管	3DG6 或 9011（β=50～100）	1	晶体三极管管脚排列图如图 2-2-5 所示
7	电阻器、电容器若干		1	自备

图 2-2-5 所示为晶体三极管引脚的排列。

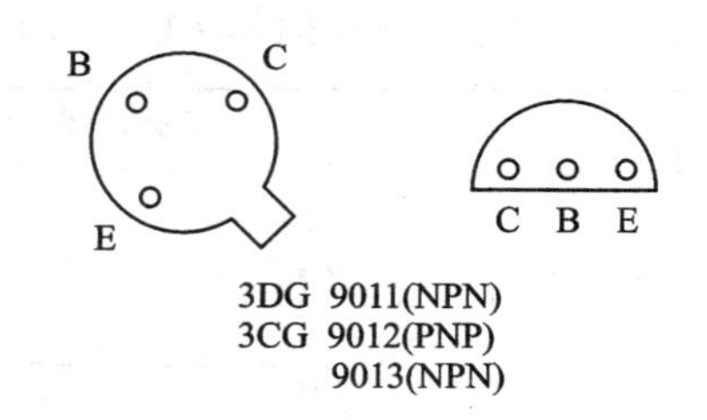

图 2-2-5　晶体三极管管脚排列图

四、实验内容

1. 实验电路

在电子综合实验台左侧找到具体实验电路，实验电路如图 2-2-2 所示。为增大放大电路的放大倍数，用短路线或 0 欧姆电阻短接 R_{F1}，将开关置于 ON 位置，使实验电路与图 2-2-2 一致。

2. 选择备用的直流稳压电源

选择一路 0～18 V 可调直流稳压电源，调节旋钮使其输出电压为 12 V(用数字万用表直流电压挡测量)备用，或直接选择 12 V 直流稳压电源备用。

3. 静态量测量

① 静态工作点的设定 V_C：接通+12 V 电源，用直流电压表测量 T_1 集电极对地电位 V_C，调节 R_W 使 V_C=7.2 V (即 I_C=2 mA)。

② 在①基础上，用直流电压表测量 U_{BE}、U_{CE} 及用万用表电阻挡测量基极上偏置电阻总阻值 R_{B2} 值，并记入表 2-2-2 中。

表 2-2-2　静态工作点的参数测试记录(I_C=2.0 mA)

测　量　值				计　算　值		
V_B/V	V_E/V	V_C/V	R_{B2}/kΩ	U_{BE}/V	U_{CE}/V	I_C/mA

注意：电路中测量电阻时须去除电源，否则所测电阻阻值误差较大。

4. 动态交流参数测量

① 函数信号发生器的波形选择旋钮选在正弦波位置，调节频率旋钮使输出为 1 kHz 的正弦波，调节函数信号发生器的幅度旋钮使 U_i=10 mV 备用。

② 将频率为 1 kHz、幅度 U_i=10 mV 的正弦信号引入放大器信号输入端，同时用示波器观察放大器输出电压 V_o 的波形，在波形不失真的条件下用交流毫伏表测量下述三种情况下的 U_o 值，并用双踪示波器观察 u_o 和 u_i 的相位关系，记入表 2-2-3 中。

表 2-2-3 三种参数情况测量值($I_C=2.0$ mA,$U_i=10$ mV)

R_C/kΩ	R_L/kΩ	U_o/V	A_V	观察记录一组 u_o 和 u_1 波形
2.4	∞			
1.2	∞			
2.4	2.4			

(3) 测量输入电阻和输出电阻

当 $R_C=2.4$ kΩ,$R_L=2.4$ kΩ,$I_C=2.0$ mA,输入 $f=1$ kHz 的正弦信号,在输出电压 U_o 不失真的情况下,用交流毫伏表测出表 2-2-4 中的数据 U_S、U_i 和 U_L。保持 U_S 不变,断开 R_L,测量输出电压 U_o,并记入表 2-2-4 中。

表 2-2-4 输入电阻和输出电阻的测试记录($I_C=2$ mA,$R_C=2.4$ kΩ,$R_L=2.4$ kΩ)

U_S/mV	U_i/mV	R_i/kΩ		U_L/V	U_o/V	R_0/kΩ	
		测量值	计算值			测量值	计算值

(4) 测量最大不失真输出电压(选做)

置 $R_C=2.4$ kΩ,$R_L=2.4$ kΩ,逐步增大输入信号的幅度,并同时调节 R_W(改变静态工作点),用示波器观察 u_o,当输出波形同时出现削底和缩顶现象时,说明静态工作点已调在交流负载线的中点。然后反复调整输入信号,使波形输出幅度最大,且无明显失真时,用交流毫伏表测出 U_o(有效值),则动态范围等于 $2\sqrt{2}U_o$,或用示波器直接读出 U_{OPP} 并记入表 2-2-5 中。

表 2-2-5 $R_C=R_L=2.4$ kΩ 时测得的最大不失真各项参数

U_{im}/mV	U_{om}/V	U_{OPP}/V	I_C/mA

(5) 观察静态工作点对输出波形失真的影响(选做)

置 $R_C=2.4$ kΩ,$R_L=2.4$ kΩ,$u_i=0$,调节 R_W 使 $I_C=2.0$ mA,测出 U_{CE} 值。再逐步加大输入信号,使输出电压 u_o 足够大但不失真。然后保持输入信号不变,分别增大和减小 R_W 值,使波形出现失真,绘出 u_o 的波形,并测出失真情况下的 I_C 和 U_{CE} 值,记入表 2-2-6 中。每次测 I_C 和 U_{CE} 值时都要将信号源的输出旋钮旋至零。

表 2-6　静态工作点对输出波形失真的影响($R_C=2.4\ \text{k}\Omega, R_L=\infty, u_i=$ 　　mV)

I_C/mA	U_{CE}/V	u_o 波形	失真情况	管子工作状态
		u_o – t 坐标（O）		
2.0		u_o – t 坐标（O）		
		u_o – t 坐标（O）		

五、实验注意事项

① 为防止干扰，各电子仪器的公共端必须连在一起，同时信号源、交流毫伏表和示波器的引线应采用专用电缆线或屏蔽线的外包金属网接在公共接地端上。

② 测静态参数用直流表，测动态参数用交流表。

③ 本文的基极上偏置电阻和基极下偏置电阻分别用 R_{B2}、R_{B1} 表示，如与实验台标注不同，注意对应区别。在测量 R_{B2} 时，要把电阻从电路中断开后进行测量。

六、思考题

① 为什么测量 R_{B2} 阻值时要把电阻从电路中断开？

② 当调节偏置电阻 R_{B2}，使放大器输出波形出现饱和或截止失真时，晶体管的管压降 U_{CE} 怎样变化？

③ 改变静态工作点对放大器的输入电阻 R_i 是否有影响？改变外接电阻 R_L 对输出电阻 R_o 是否有影响？

④ 测试中，如果将函数信号发生器、交流毫伏表、示波器中任一仪器的两个测试端子接线换位(即各仪器的接地端不再连在一起)，将会出现什么问题？

⑤ 讨论静态工作点的变化对放大器输出波形的影响。

⑥ 能否用直流电压表直接测量晶体管的 U_{BE}？为什么实验中要采用测 V_B、V_E，再间接算出 U_{BE} 的方法？

七、实验报告要求

① 列表整理测量结果，并把实测的静态工作点、电压放大倍数、输入电阻、输出电阻之值与理论计算值比较，分析产生误差原因。

② 分析总结 R_C、R_L 及静态工作点对放大器电压放大倍数、输入电阻和输出电

阻的影响。

③ 分析讨论在调试过程中出现的问题。

八、预习要求

① 阅读教材中有关单管放大电路的内容并估算实验电路的性能指标。假设：3DG6 的$\beta=100$,$R_{B1}=20\ \mathrm{k\Omega}$,$R_{B2}=60\ \mathrm{k\Omega}$,$R_C=2.4\ \mathrm{k\Omega}$,$R_L=2.4\ \mathrm{k\Omega}$。估算放大器的静态工作点,电压放大倍数$A_V$,输入电阻$R_i$和输出电阻$R_o$。

② 查阅资料,阅读有关放大器干扰和自激振荡消除的内容。

③ 预习附录相关内容。

实验三　负反馈放大电路

一、实验目的

① 学习放大电路中引入负反馈的方法。

② 加深理解负反馈对放大器各项性能指标的影响。

二、实验原理与说明

在放大电路中引入负反馈后，使净输入信号减小，从而导致输出信号减小，放大倍数降低。但能在多方面改善放大器的动态性能指标，如稳定放大倍数，改善输入、输出电阻，减小非线性失真和展宽通频带等。所以，几乎所有的实用放大器都带有负反馈，负反馈在电子电路中有着非常广泛的应用。

负反馈有四种组态，即电压串联负反馈，电压并联负反馈，电流串联负反馈，电流并联负反馈。本实验以电压串联负反馈为例，分析负反馈对电流放大器各项性能指标的影响。

1. 电压串联负反馈两级阻容耦合放大电路

图 2-3-1 为带有负反馈的两级阻容耦合放大电路，在电路中通过 R_F 把输出电压 U_o 引回到输入端，加在晶体管 T_1 的发射极上，在发射极电阻 R_{F1} 上形成反馈电压 U_F。它属于电压串联负反馈电路。

主要性能指标如下：

(1) 闭环电压放大倍数

闭环电压放大倍数 A_{VF} 计算如下：

$$A_{VF}=\frac{A_V}{1+A_VF_V}$$

式中，$A_V=U_o/U_i$——基本放大器(无反馈)的电压放大倍数，即开环电压放大倍数。

$1+A_VF_V$——反馈深度，它的大小决定了负反馈对放大器性能改善的程度。

(2) 反馈系数

$$F_V=\frac{R_{F1}}{R_F+R_{F1}}$$

(3) 输入电阻

$$R_{if}=(1+A_VF_V)R_i$$

R_i——基本放大器(无反馈)的输入电阻(不包括偏置电阻)。

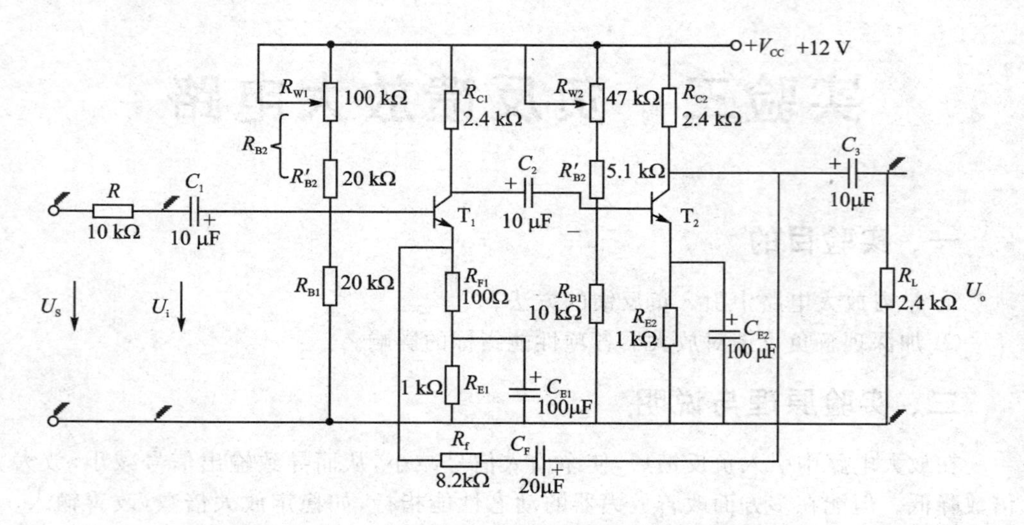

图 2-3-1 电压串联负反馈的两级阻容耦合放大电路

(4) 输出电阻

$$R_{oF}=\frac{R_o}{1+A_{Vo}F_V}$$

式中：R_o——基本放大器(无反馈)的输出电阻；

A_{Vo}——基本放大器 $R_L=\infty$ 时的电压放大倍数。

2. 测量基本放大电路的动态参数

怎样实现无反馈而得到基本放大器呢，不能简单地断开反馈支路，而是要去掉反馈作用，但又要把反馈网络的影响(负载效应)考虑到基本放大器中去。为此注意以下几点：

① 在画基本放大器的输入回路时，因为是电压负反馈，所以可将负反馈放大器的输出端交流短路，即令 $U_o=0$，此时 R_f 相当于并联在 R_{F1} 上。

② 在画基本放大器的输出回路时，由于输入端是串联负反馈，因此需将反馈放大器的输入端(T_1 管的射极)开路，此时(R_F+R_{F1})相当于并接在输出端。

根据上述原因，就可得如图 2-3-2 的基本放大器。

三、实验设备与器件

负反馈放大电路实验所需设备与器件如表 2-3-1 所列。

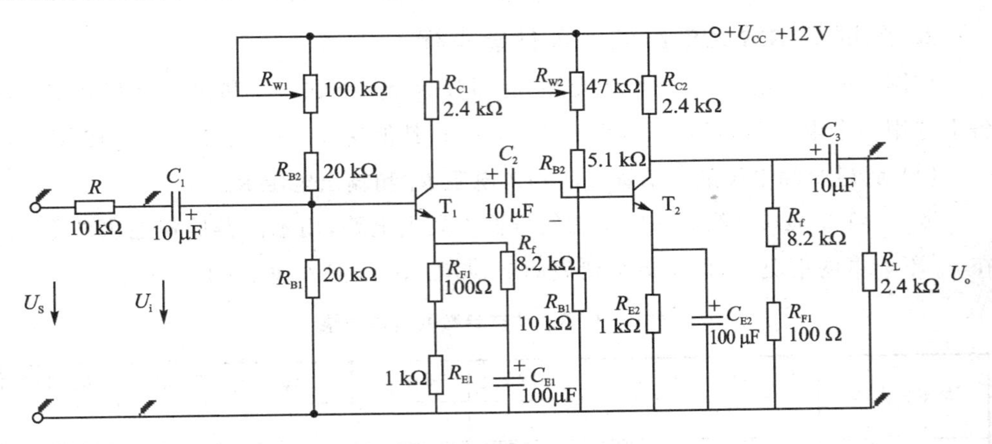

图 2-3-2　基本放大电路

表 2-3-1　实验设备与器件

序　号	名　称	型号与规格	数　量	备　注
1	直流电源	+12 V	1	综合实验台
2	函数信号发生器		1	综合实验台
3	双踪示波器	DS1052E	1	
4	数字万用表	MS8215	1	用直流电压挡
5	交流毫伏表	TH1912A	1	
6	频率计		1	综合实验台
7	晶体三极管	3DG6 或 9011 (β=50～100)	2	综合实验台
8	电阻器、电容器若干			综合实验台

四、实验内容

1. 测量静态工作点

按图 3-1 连接实验电路，取 U_{CC}=+12 V，U_i=0，调节各级 T_1、T_2 电路上偏置电阻 R_{B2} 使 $I_{C1}=I_{C2}$=2 mA(测 V_E=2 V 即可）用直流电压表分别测量第一级、第二级的静态工作点，记入表 2-3-2 中。

表 2-3-2　静态工作点的测试记录

放大级类别	V_B/V	V_E/V	V_C/V	I_C/mA
第一级				
第二级				

2. 测试基本放大电路的各项性能指标

按图 2-3-2 接线，即把反馈支路 R_f 断开后分别并在 R_{F1} 和 R_L 上(可在实验设备上选用一个电位器调到 8.3 kΩ 和 R_L 并联)，其他连线不动，取 $U_{CC}=+12$ V。

(1) 测量中频电压放大倍数 A_V、输入电阻 R_i 和输出电阻 R_o

取 $f=1$ kHz，U_S 约 5 mV 正弦信号输入放大电路，用示波器监视输出波形 u_o，在 u_o 不失真的情况下，用交流毫伏表测量 U_s，U_i，U_L，记入表 2-3-3 中。

表 2-3-3 动态参数的测试记录

基本放大器	U_S/mV	U_i/mV	U_L/V	U_o/V	A_V	R_i/kΩ	R_O/kΩ
负反馈放大器	U_S/mV	U_i/mV	U_L/V	U_o/V	A_{VF}	R_{if}/kΩ	R_{OF}/kΩ

保持 U_S 不变，断开负载电阻 R_L 上(注意：R_F 不要断开)测量空载时的输出电压 U_o，记入表 2-3-3 中。

(2) 测量通频带(选做)

接上 R_L，保持(1)中的 U_S 不变，然后增加和减小输入信号的频率，找出上、下限频率 f_H 和 f_L，记入表 2-3-4 中。

表 2-3-4 上、下限频率的测试记录

基本放大器	f_L/kHz	f_H/kHz	Δf/kHz
负反馈放大器	f_{LF}/kHz	f_{HF}/kHz	Δf_F/kHz

3. 测试负反馈放大器的各项性能指标

实验电路按照图 2-3-1 负反馈放大器电路连接，适当加大 U_S(约 10 mV)，在输出波形 U_o 不失真的条件下，测量负反馈放大器的 A_V、R_i(kΩ)、R_o(kΩ)；测量 f_H 和 f_L，分别记入对应表格中。

4. 观察负反馈对非线性失真的改善(选做)

① 实验电路按照图 2-3-2 接成基本放大器形式，在输入端加入 $f=1$ kHz 的正弦信号，输出端接示波器，逐渐增大输入信号的幅度，使输出波形出现失真，记下此时的波形和输出电压的幅度。

② 实验电路按照图 2-3-1 接成负反馈放大器形式，增大输入信号的幅度，使输出电压幅度的大小与(1)相同，比较有负反馈时，输出波形的变化。

五、实验注意事项

① 具体实验电路中实线为连通线,虚线属于断开线。

② 测静态参数用直流表,测动态参数用交流表。

六、思考题

① 怎样把负反馈放大器改接成基本放大器? 为什么要把 R_F 并接在输入和输出端?

② 如输入信号存在失真,能否用负反馈来改善?

③ 怎样判断放大电路是否存在自激振荡? 如何进行消振?

④ 在测试 A_V,R_i 和 R_o 时怎样选择输入信号的大小和频率? 为什么信号频率一般选 1 kHz,而不选 100 kHz 或更高?

七、实验报告

① 估算基本放大器的 A_V、R_i、R_o;估算负反馈放大器的 A_V、R_i、R_{oF} 并比较它们之间的关系。

② 将基本放大器和负反馈放大器动态参数的实测值和理论估算值列表进行比较。

③ 根据实验结果,总结电压串联负反馈对放大电路性能的影响。

实验四 集成运算放大器模拟运算电路

一、实验目的

① 研究由集成运算放大器组成的比例、加法、减法和积分等基本运算电路的功能。

② 了解运算放大器在实际应用时应考虑的一些问题。

二、实验原理

集成运算放大器是一种具有高电压放大倍数的直接耦合多级放大电路。当外部接入不同的线性或非线性元器件组成输入和负反馈电路时,可以灵活地实现各种特定的函数关系。在线性应用方面,可组成比例、加法、减法、积分、微分和对数等模拟运算电路。

理想运算放大器的特性:在大多数情况下,将运放视为理想运放,就是将运放的各项技术指标理想化。满足下列条件的运算放大器称为理想运放。

开环电压增益 $A_{ud}=\infty$

输入阻抗 $r_i=\infty$

输出阻抗 $r_o=0$

带宽 $f_{BW}=\infty$

失调与漂移均为零。

理想运放在线性应用时的两个重要特性:

① 输出电压 U_o 与输入电压之间满足关系式

$$U_o=A_{ud}(U_+-U_-)$$

由于 $A_{ud}=\infty$,而 U_o 为有限值,因此,$U_+-U_-\approx 0$。即 $U_+\approx U_-$,称为“虚短”。

② 由于 $r_i=\infty$,故流进运放两个输入端的电流可视为零,即 $I_{IB}=0$,称为“虚断”。这说明运放对其前级吸取电流极小。

上述两个特性是分析理想运放应用电路的基本原则,由此可简化运放电路的计算。

以下介绍 5 种基本运算电路。

1. 反相比例运算电路

该电路如图 2-4-1 所示。对于理想运放,该电路的输出电压与输入电压之间的关系为

$$U_o=\frac{R_F}{R}U_i,\quad R=R_2=R_1 /\!/ R_F$$

为了减小输入级偏置电流引起的运算误差，在同相输入端应接入平衡电阻 $R_2=R_1/\!/R_F$。

2. 反相加法电路

该电路如图 2-4-2 所示，输出电压与输入电压之间的关系为

$$U_o=-\left(\frac{R_F}{R_1}U_{i1}+\frac{R_F}{R_2}U_{i2}\right),\quad R_3=R_1 /\!/ R_2 /\!/ R_F$$

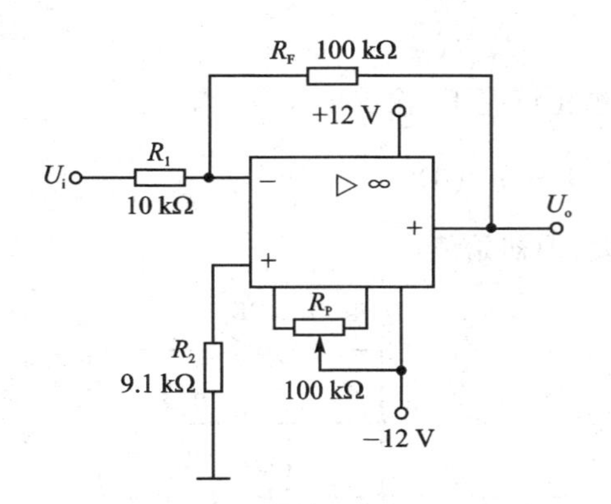

图 2-4-1　反相比例运算电路

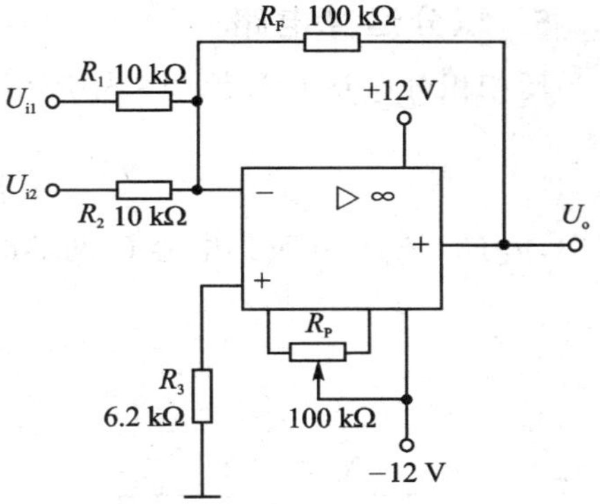

图 2-4-2　反相加法运算电路

3. 同相比例运算电路

图 2-4-3(a)是同相比例运算电路，它的输出电压与输入电压之间的关系为

$$U_o=\left(1+\frac{R_F}{R_1}\right)U_i,\quad R_2=R_1 /\!/ R_F$$

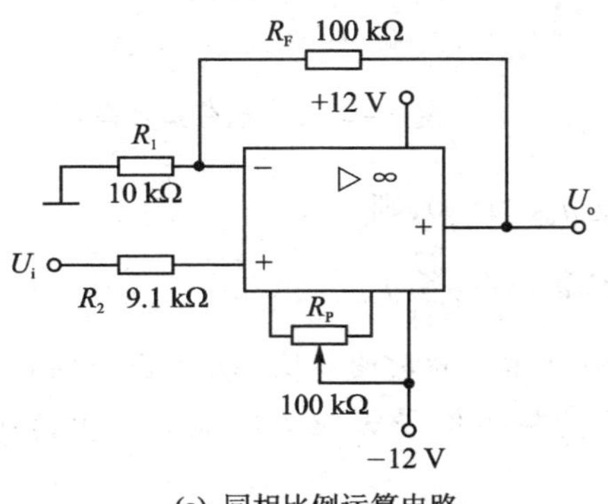

(a) 同相比例运算电路

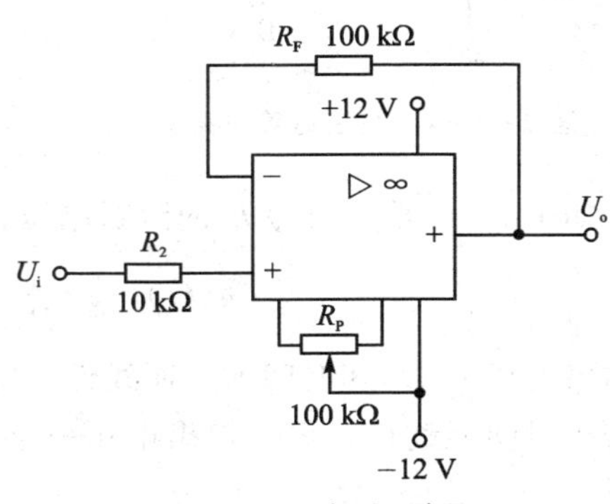

(b) 电压跟随器

图 2-4-3　同相比例运算电路

当 $R_1\to\infty$ 时，$U_o=U_i$，即得到如图 2-4-3(b)所示的电压跟随器。图中 $R_2=R_F$，用以减小漂移和起保护作用。R_F 一般取 10 kΩ，R_F 太小起不到保护作用，太大则影响跟随性。

4. 差动放大电路(减法器)

对于图 2-4-4 所示的减法运算电路，当 $R_1=R_2$，$R_3=R_F$ 时，输入、输出电压有如下关系式

$$U_o=\frac{R_F}{R_1}(U_{i2}-U_{i1})$$

5. 积分运算电路

反相积分电路如图 2-4-5 所示。在理想化情况下，输出电压 u_o 为

$$u_o(t)=-\frac{1}{R_1C}\int_0^t u_i\,dt+u_C(0)$$

式中，$u_C(0)$是 $t=0$ 时刻电容 C 两端的电压值，即初始值。

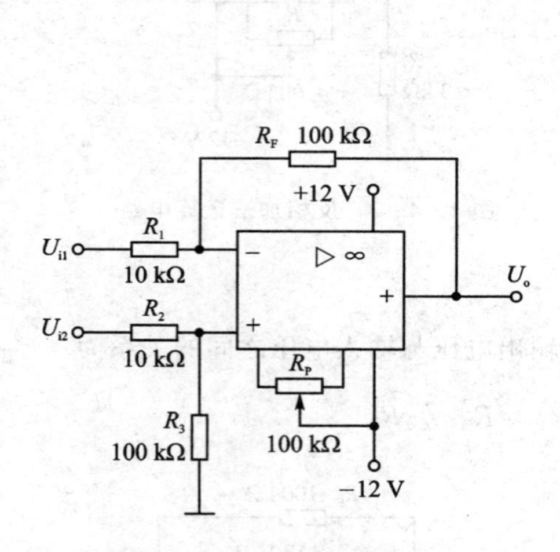

图 2-4-4 减法运算电路图

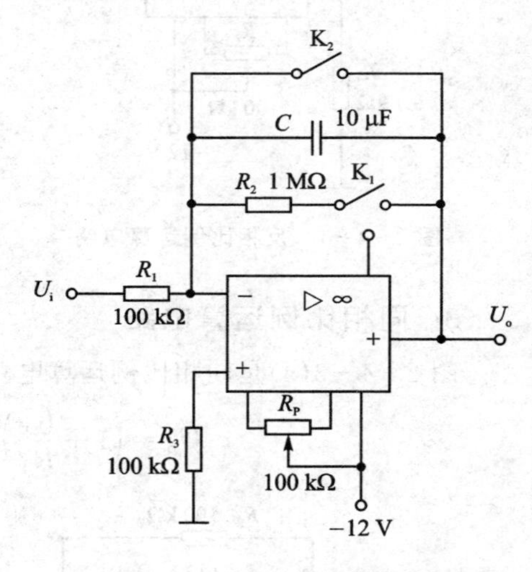

图 2-4-5 积分运算电路

如果 $u_i(t)$是幅值为 E 的阶跃电压，并设 $u_c(0)=0$，则

$$u_o(t)=-\frac{1}{R_1C}\int_0^t E\,dt=-\frac{E}{R_1C}t$$

即输出电压 $u_o(t)$随时间增长而线性下降。显然 RC 的数值越大，达到给定的 U_o 值所需的时间就越长。积分输出电压所能达到的最大值受集成运放最大输出范围的限值。

在进行积分运算之前，首先应对运放调零。为了便于调节，将图中 K_1 闭合，即通过电阻 R_2 的负反馈作用帮助实现调零。但在完成调零后，应将 K_1 打开，以免因 R_2 的接入造成积分误差。K_2 的设置一方面为积分电容放电提供通路，同时可实现

积分电容初始电压 $u_c(0)=0$；另一方面，可控制积分起始点，即在加入信号 u_i 后，只要 K_2 打开，电容就将被恒流充电，电路也就开始进行积分运算。

三、实验设备与器件

表 2-4-1 所列为集成运放模拟运算电路实验所用设备与器件一览表。

表 2-4-1 集成运放模拟运算电路实验所用设备与器件

序 号	名 称	型号与规格	数 量	备 注
1	直流电源	+12 V	1	综合实验台
2	函数信号发生器		1	综合实验台
3	数字万用表	MS8215	1	用直流电压挡
4	交流毫伏表	TH1912A	1	
5	集成运算放大器	μA741	1	综合实验台
6	电阻器、电容器若干			综合实验台

四、实验内容

实验前要看清运放组件各引脚的位置如图 2-4-6 所示。切忌正、负电源极性接反和输出端短路，否则将会损坏集成电路。图 2-4-6 为 μA741 通用集成运放的外形图与接线原理图。

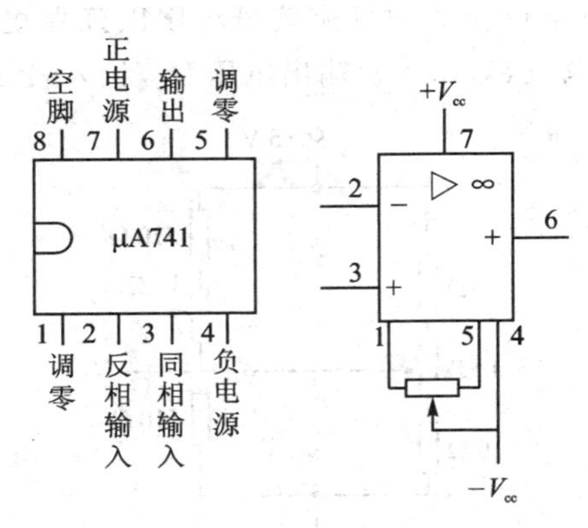

图 2-4-6 μA741 通用集成运放的引脚分布及接线图

1. 反相比例运算电路

① 按图 2-4-1 连接实验电路，接通 ±12 V 电源，输入端对地短路，进行调零和消振。

② 输入 $f=100$ Hz、$U_i=0.5$ V 的正弦交流信号，测量相应的 U_o，并用示波器观察 u_o 和 u_i 的相位关系，记入表 2-4-2 中。

表 2-4-2 反相比例运算电路的记录(U_i=0.5 V, f=100 Hz)

U_i/V	U_o/V	u_i 波形	u_o 波形	A_V	
		O t	O t	实测值	计算值

2. 同相比例运算电路

① 按图 2-4-3(a)连接实验电路。实验步骤同内容 1,将结果记入表 2-4-3。

② 将图 2-4-3(a)中的 R_1 断开,得图 4-3(b)电路重复内容①。

表 2-4-3 同相比例运算电路的测试记录(U_i=0.5 V, f=100 Hz)

U_i/V	U_o/V	u_i 波形	u_o 波形	A_V	
		O t	O t	实测值	计算值

3. 反相加法运算电路

① 按图 2-4-2 连接实验电路,尔后对电路进行调零和消振。

② 图 2-4-7 所示电路为简易直流信号源,由实验者自行完成。输入信号采用直流信号,实验时要注意选择合适的直流信号幅度以确保集成运放工作在线性区。用直流电压表测量输入电压 U_{i1}、U_{i2} 及输出电压 U_o,记入表 2-4-4 中。

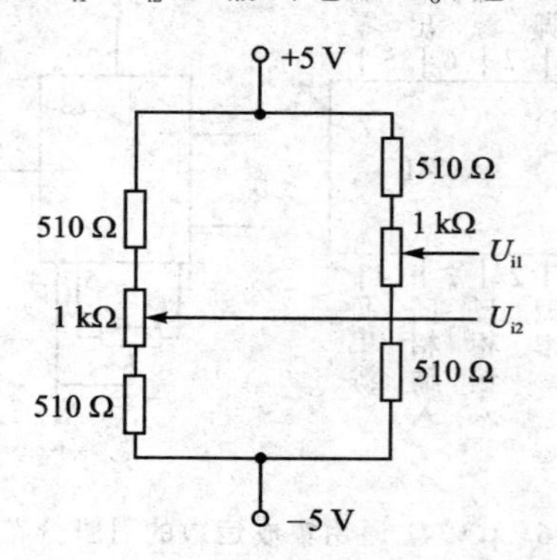

图 2-4-7 简易可调直流信号源

表 2-4-4 反相加法运算电路记录

U_{i1}/V					
U_{i2}/V					
U_o/V					

4. 减法运算电路

① 按图 2-4-4 连接实验电路，尔后对电路进行调零和消振。

② 采用直流输入信号，实验步骤同内容 3，即反相加法运算电路一节记入表 2-4-5 中。

表 2-4-5　减法运算电路记录

U_{i1}/V					
U_{i2}/V					
U_o/V					

5. 积分运算电路

积分运算实验电路如图 2-4-5 所示。

① 打开 K_2，闭合 K_1，对运放输出进行调零。

② 调零完成后，再打开 K_1，闭合 K_2，使 $u_c(0)=0$。

③ 预先调好直流输入电压 $U_i=0.5$ V，接入实验电路，再打开 K_2，然后用直流电压表测量输出电压 U_o，每隔 5 s 读一次 U_o，记入表 2-4-6 中，直到 U_o 不继续明显增大为止。

表 2-4-6　积分运算电路的测试记录

t/s	0	5	10	15	20	25	30	……
U_o/V								

五、实验总结

① 整理实验数据，画出波形图(注意波形间的相位关系)。

② 将理论计算结果和实测数据相比较，分析产生误差的原因。

③ 分析讨论实验中出现的现象和问题。

六、预习要求

① 复习集成运放线性应用部分内容，并根据实验电路参数计算各电路输出电压的理论值。

② 在反相加法器中，如 U_{i1} 和 U_{i2} 均采用直流信号电压，并选定 $U_{i2}=-1$ V，当考虑到运算放大器的最大输出幅度(±12 V)时，$|U_{i1}|$ 的大小不应超过多少伏？

③ 在积分电路中，如 $R_1=100$ kΩ，$C=4.7$ μF，求时间常数。假设 $U_i=0.5$ V，问要使输出电压 U_o 达到 5 V，需多长时间(设 $u_o(0)=0$)？

④ 为了不损坏集成块，实验中应注意什么问题？

实验五　波形发生器制作与调试(综合性实验)

一、实验目的

① 学习用集成运放构成正弦波、方波和三角波发生器。

② 学习波形发生器的调整和主要性能指标的测试方法。

二、实验原理

由集成运放构成的正弦波、方波和三角波发生器有多种形式,本实验选用最常用的、线路比较简单的几种电路加以分析。

1. RC 桥式正弦波振荡器(文氏电桥振荡器)

图 2-5-1 为 RC 桥式正弦波振荡器。图中 RC 串、并联电路构成正反馈支路,同时兼作选频网络,R_1、R_2、R_P 及二极管等元件构成负反馈和稳幅电路。调节电位器 R_P,可以改变负反馈深度,以满足振荡的振幅条件和改善波形。利用两个反向并联二极管 D_1、D_2 正向电阻的非线性特性来实现稳幅。D_1、D_2 采用硅管(温度稳定性好),且要求特性匹配,才能保证输出波形正、负半周对称。R_3 的接入是为了削弱二极管非线性的影响,以改善波形失真。

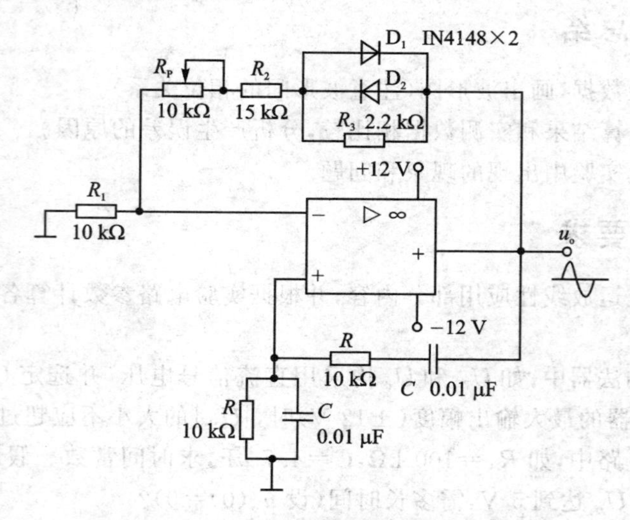

图 2-5-1　RC 桥式正弦波振荡器

参考课程教材中正弦波振荡电路分析,根据自激振荡产生的条件可知电路的振

荡频率为

$$f_0=\frac{1}{2\pi RC}$$

起振的幅值条件是

$$\frac{R_F}{R_1}\geqslant 2$$

式中，$R_F=R_P+R_2+(R_3/\!/r_D)$，r_D 为二极管正向导通电阻。

调整反馈电阻 R_F（调 R_P），使电路起振，且波形失真最小。如不能起振，则说明负反馈太强，应适当加大 R_F。如波形失真严重，则应适当减小 R_F。

改变选频网络的参数 C 或 R，即可调节振荡频率。一般采用改变电容 C 作频率量程切换，而调节 R_P 作量程内的频率细调。

2. 方波发生器

由集成运放构成的方波发生器和三角波发生器，一般均包括比较器和 RC 积分器两大部分。图 2-5-2 所示为由滞回比较器及简单 RC 积分电路组成的方波—三角波发生器。其特点是线路简单，但三角波的线性度较差。主要用于产生方波，或对三角波要求不高的场合。

电路振荡频率
$$f_o=\frac{1}{2R_FC_F\ln\left(1+\dfrac{2R_2}{R_1}\right)}$$

式中：$R_1=R'_1+R'_P$，$R_2=R'_2+R''_P$

方波输出幅值　$U_{om}=\pm U_Z$

三角波输出幅值　$U_{cm}=\dfrac{R_2}{R_1+R_2}U_Z$

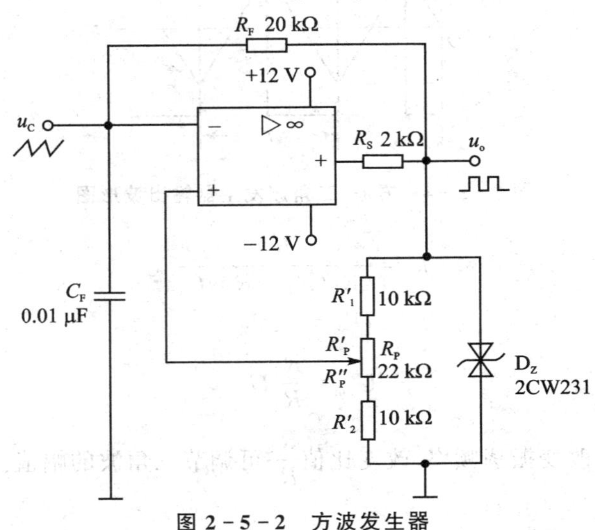

图 2-5-2　方波发生器

调节电位器 R_P(即改变 R_2/R_1),可以改变振荡频率,但三角波的幅值也随之变化。如要互不影响,则可通过改变 R_F(或 C_F)来实现振荡频率的调节。

3. 三角波和方波发生器

如把滞回比较器和积分器首尾相接形成正反馈闭环系统,如图 2-5-3 所示,则比较器 A_1 输出的方波经积分器 A_2 积分可得到三角波,三角波又触发比较器自动翻转形成方波,这样即可构成三角波、方波发生器。图 2-5-4 为方波、三角波发生器输出波形图。由于采用运放组成的积分电路,因此可实现恒流充电,使三角波线性大大改善。

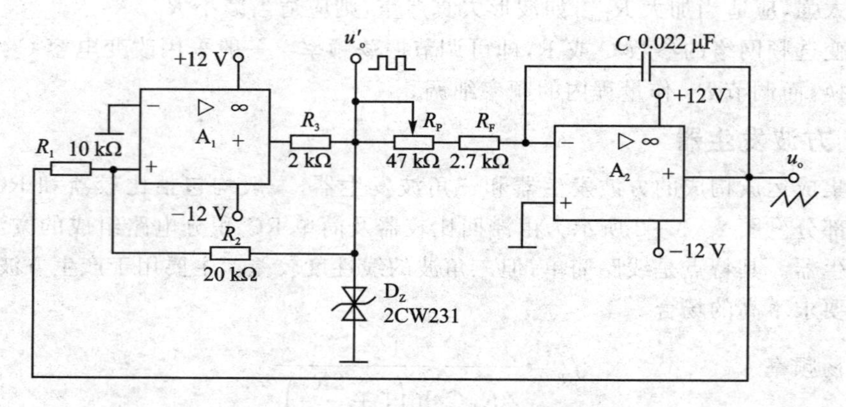

图 2-5-3　三角波、方波发生器

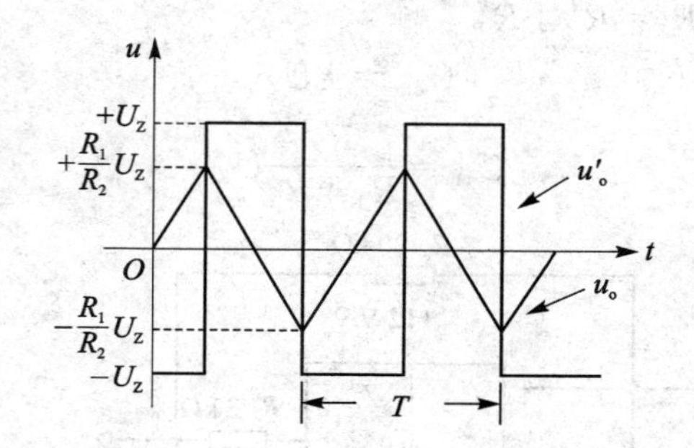

图 2-5-4　方波、三角波发生器输出波形图

电路振荡频率
$$f_0=\frac{R_2}{4R_1(R_F+R_P)C_f}$$

方波幅值
$$U'_{om}=\pm U_Z$$

三角波幅值
$$U_{om}=\frac{R_1}{R_2}U_Z$$

调节 R_P 可以改变振荡频率,改变比值 $\frac{R_1}{R_2}$ 可调节三角波的幅值。

三、实验设备与器件

表 2-5-1 所列为波形发生器制作与调试所需实验设备与器件。

表 2-5-1　波形发生器制作与调试所需设备与器件

序　号	名　称	型号与规格	数　量	备　注
1	直流电源	±12 V	2	综合实验台
2	函数信号发生器		1	综合实验台
3	双踪示波器	PS1052E	1	
4	交流毫伏表	TH1912A	1	
5	频率计		1	综合实验台
6	运算放大器	μA741	2	综合实验台
7	稳压管	2CW231	1	综合实验台
8	二极管	1N4148	2	综合实验台
9	电阻器、电容器若干			综合实验台

图 2-5-5 为 μA741 通用集成运放的外形图与接线图。

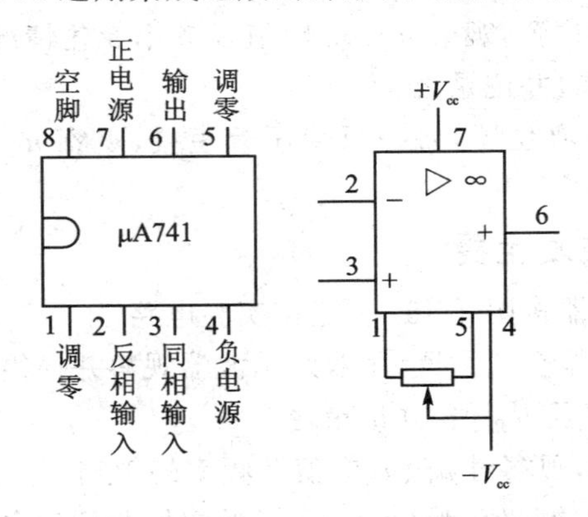

图 2-5-5　μA741 通用集成运放的引脚分布及接线图

四、实验内容

1. RC 桥式正弦波振荡器

RC 桥式正弦波振荡器按图 2-5-1 连接实验电路。

① 接通±12 V 电源，调节电位器 R_P，使输出波形从无到有，从正弦波到出现失真。描绘 u_o 的波形，记下临界起振、正弦波输出及失真情况下的 R_P 值，分析负反馈强弱对起振条件及输出波形的影响。

② 调节电位器 R_P，使输出电压 u_o 幅值最大且不失真；用交流毫伏表分别测量

输出电压 U_o、反馈电压 $U+$ 和 $U-$，分析研究振荡的幅值条件。

③ 用示波器或频率计测量振荡频率 f_0，然后在选频网络的两个电阻 R 上并联同一阻值的电阻，观察记录振荡频率的变化情况，并与理论值进行比较。

④ 断开二极管 D_1、D_2，重复②的内容，将测试结果与②进行比较，分析 D_1、D_2 的稳幅作用。

*⑤ 观察 RC 串并联网络幅频特性时可将 RC 串并联网络与运放断开，由函数信号发生器注入 3 V 左右的正弦信号，并用双踪示波器同时观察 RC 串并联网络输入、输出波形。保持输入幅值(3 V)不变，从低到高改变频率，当信号源达某一频率时，RC 串并联网络输出将达最大值(约 1 V)，且输入、输出同相位。此时的信号源频率为

$$f=f_0=\frac{1}{2\pi RC}$$

2. 方波发生器

方波发生器按图 2-5-2 连接实验电路。

① 将电位器 R_P 调至中心位置，用双踪示波器观察并描绘方波 u_o 及三角波 u_C 的波形(注意对应关系)，测量其幅值及频率，并记录之。

② 改变 R_P 动点的位置，观察 u_o、u_C 幅值及频率变化情况。把动点调至最上端和最下端，测出频率范围，并记录之。

③ 将 R_P 恢复至中心位置，将一只稳压管短接，观察 u_o 波形，分析 D_Z 的限幅作用。

3. 三角波和方波发生器

三角波和方波发生器按图 2-5-3 连接实验电路。

① 将电位器 R_P 调至合适位置，用双踪示波器观察并描绘三角波输出 u_o 及方波输出 u'_o，测其幅值、频率及 R_P 值，并记录之。

② 改变 R_P 的位置，观察对 u_o、u'_o 幅值及频率的影响。

③ 改变 R_1(或 R_2)的阻值，观察对 u_o、u'_o 的幅值及频率之影响。

五、实验总结

1. 正弦波发生器

① 列表整理实验数据，画出波形，把实测频率与理论值进行比较。

② 根据实验分析 RC 振荡器的振幅条件。

③ 讨论二极管 D_1、D_2 的稳幅作用。

2. 方波发生器

① 列表整理实验数据，在同一坐标纸上，按比例画出方波和三角波的波形图(标出时间和电压幅值)。

② 分析当 R_P 变化时,对 u_o 波形的幅值及频率的影响。

③ 讨论 D_Z 的限幅作用。

3. 三角波和方波发生器

① 整理实验数据,把实测频率与理论值进行比较。

② 在同一坐标纸上,按比例画出三角波及方波的波形,并标明时间和电压幅值。

③ 分析电路参数变化(R_1,R_2 和 R_P)对输出波形频率及幅值的影响。

六、预习要求

① 复习有关 RC 正弦波振荡器、三角波及方波发生器的工作原理,并估算图 2-5-1、图 2-5-2、图 2-5-3 电路的振荡频率。

② 设计实验表格。

③ 为什么在 RC 正弦波振荡电路中要引入负反馈支路?为什么要增加二极管 D_1 和 D_2?它们是怎样稳幅的?

④ 电路参数变化对图 2-5-2、图 2-5-3 产生的方波和三角波频率及电压幅值有什么影响?(或者:怎样改变图 2-5-2、图 2-5-3 电路中方波及三角波的频率及幅值?)

⑤ 在波形发生器各电路中,“相位补偿”和“调零”是否需要?为什么?

⑥ 怎样测量非正弦波电压的幅值?

实验六　组合逻辑电路的设计

一、实验目的

掌握组合逻辑电路的设计与测试方法。

二、实验原理

1. 设计常见逻辑电路的步骤

使用中、小规模集成电路来设计组合电路是最常见的逻辑电路。设计组合电路的一般步骤如图 2-6-1 所示。

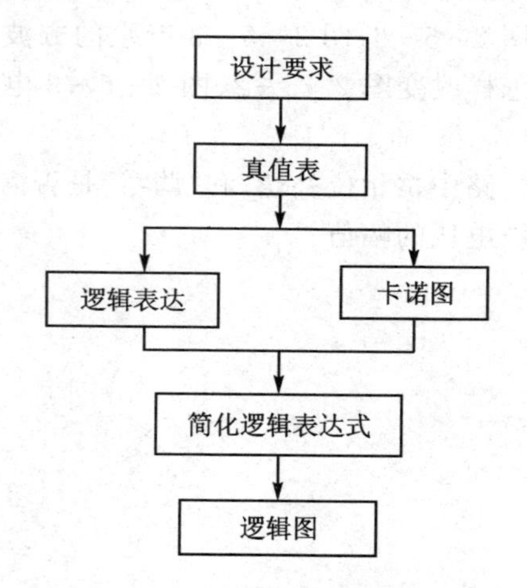

图 2-6-1　组合逻辑电路设计流程图

根据设计任务的要求建立输入、输出变量，并列出真值表。然后用逻辑代数或卡诺图化简法求出简化的逻辑表达式并按实际选用逻辑门的类型修改逻辑表达式。根据简化逻辑表达式，画出逻辑图，用标准器件构成逻辑电路。最后，用实验来验证设计的正确性。

2. 组合逻辑电路设计举例

例：用“与非”门设计一个表决电路。当四个输入端中有三个或四个为“1”时，输出端才为“1”。设计步骤如下。

(1) 列出真值表

设四个输入变量分别为 A、B、C、D，输出变量为 Y，表 2-6-1 为组合逻辑电路的真值表。

表 2-6-1　组合逻辑电路真值表

A	0	0	0	0	0	0	0	0	1	1	1	1	1	1	1	1
B	0	0	0	0	1	1	1	1	0	0	0	0	1	1	1	1
C	0	0	1	1	0	0	1	1	0	1	0	1	0	0	1	1
D	0	1	0	1	0	1	0	1	0	0	1	1	0	1	0	1
Y	0	0	0	0	0	0	0	1	0	0	0	1	0	1	1	1

(2) 写出逻辑表达式

$$Y=\overline{A}BCD+A\overline{B}CD+AB\overline{C}D+ABC\overline{D}+ABCD$$

(3) 化简逻辑表达式

化简逻辑表达式，并演化为“与非”形式，即

$$Y=ABC+BCD+ACD+ABD=\overline{\overline{ABC}\ \overline{BCD}\ \overline{ACD}\ \overline{ABD}}$$

(4) 根据逻辑表达式画出用“与非门”构成的逻辑电路图

图 2-6-2 所示为根据逻辑表达式画出用“与非门”构成的逻辑电路。

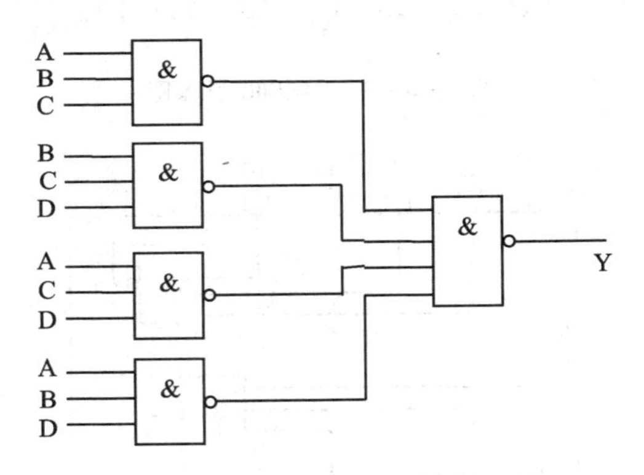

图 2-6-2　“与非门”构成的表决电路逻辑电路

(5) 连接电路，验证逻辑功能

按图 2-6-2 接线，输入端 A、B、C、D 接至逻辑开关输出插口，输出端 Y 接逻辑电平显示输入插口，按可能出现的状态组合，逐次改变输入变量，测试相应的输出值，验证逻辑功能。

三、实验设备与器件

表 2-6-2 四变量组合逻辑电路所用实验设备与器件。

表 2-6-2 四变量组合逻辑电路所用实验设备与器件

序号	名称	型号与规格	数量	备注
1	直流电源	+5 V	1	综合实验台
2	逻辑电平开关		1	综合实验台
3	逻辑电平显示器		1	综合实验台
4	直流数字电压表		1	综合实验台
5	二输入四与非门芯片	74LS00(见图 2-6-3)	1	综合实验台
6	四输入双与非门芯片	74LS20(见图 2-6-4)	3	综合实验台

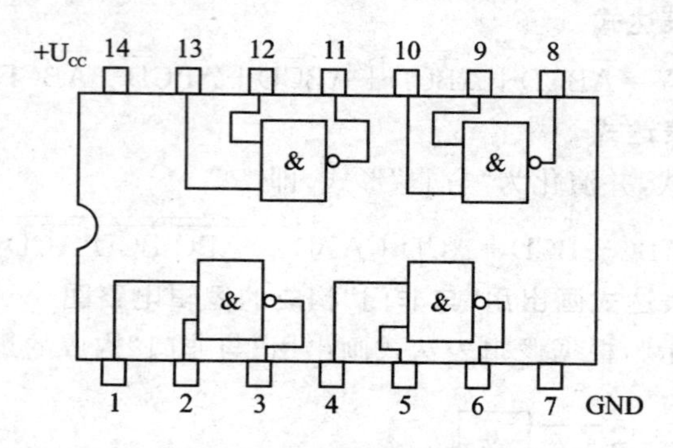

图 2-6-3 74LS00 引脚图

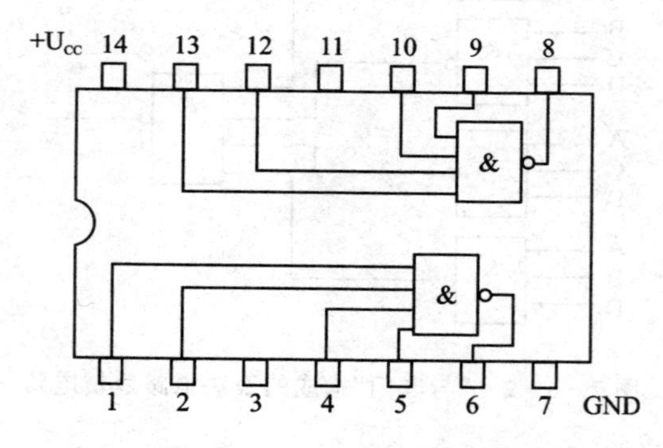

图 2-6-4 74LS20 引脚图

四、实验内容

① 用与非门设计异或门电路 要求按本文所述的设计步骤进行,直到测试电路逻辑功能符合设计要求为止。

② 设计一位半加器电路,要求用与非门实现。

③ 用两输入与非门和反相器设计一个 3 输入(I_0,I_1,I_2),3 输出(L_0,L_1,L_2)的信号排队电路。它的功能是:当输入 I_0 为 1 时,无论 I_1 和 I_2 为 1 还是为 0,输出 L_0 为

1，L_1 和 L_2 为 0；当 I_0 为 0 且 I_1 为 1 时，无论 I_2 为 1 还是为 0，输出 L_1 为 1，其余两个输出为 0；当 I_2 为 1 且 I_0 和 I_1 均为 0 时，输出 L_2 为 1，其余两个输出为 0 。如 I_0，I_1，I_2 均为 0，则 L_0，L_1，L_2 也均为 0。

五、实验预习要求

① 如何使与非门实现反相器的功能？

② 根据实验任务要求设计组合电路，并根据所给的标准器件画出逻辑图。

③ “与或非”门电路中，当某一组与端不用时，应作如何处理？

六、实验报告

① 列写实验任务的设计过程，画出设计的电路图。

② 对所设计的电路进行实验测试，记录测试结果。

③ 组合逻辑电路设计体会。

实验七　触发器及其应用

一、实验目的

① 学习触发逻辑功能的测试方法。

② 熟悉基本 RS 触发器的组成、工作原理和性能。

③ 熟悉 JK 触发器和 D 触发器的逻辑功能及触发方式。

二、实验原理

触发器具有两个稳定状态，用以表示逻辑状态“1”和“0”。在外界信号作用下，可以从一个稳定状态翻转到另一个稳定状态，是一个具有记忆功能的二进制信息存储器件，是构成各种时序电路的最基本逻辑单元。

1. 基本 RS 触发器

图 2-7-1 为两个与非门交叉耦合构成的基本 RS 触发器，是无时钟控制低电平直接触发的触发器。基本 RS 触发器具有置“0”、置“1”和“保持”三种状态。通常称 S 为置“1”端，因为 S=0(R=1)时触发器被置“1”；R 为置零“0”端，因为 R=0(S=1)时触发器被置“0”；当 S=R=1 时状态保持，而当 S=R=0 时，触发器状态不定，应避免此种情况发生，表 2-7-1 为基本 RS 触发器的功能。

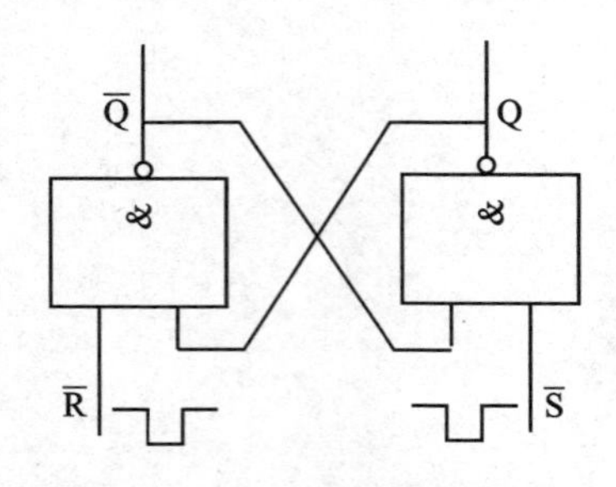

图 2-7-1　基本 RS 触发器

表 2-7-1　基本 RS 触发器功能

输入		输出	
$\overline{S}$	$\overline{R}$	Q_{n+1}	$\overline{Q}_{n+1}$
0	1	1	0
1	0	0	1
1	1	Q_n	$\overline{Q}_n$
0	0	×	×

基本 RS 触发器也可以用两个“或非”门组成，此时高电平触发有效。

2. JK 触发器

在输入信号为双端的情况下，JK 触发器是一种功能完善、使用灵活和通用性较强的一种触发器。本试验采用 74LS112 双 JK 触发器，是下降边沿触发的边沿触发器，引脚功能及逻辑符号如图 2-7-2 所示。JK 触发器的状态方程为

$$Q_{n+1}=J\overline{Q}_n+\overline{K}Q_n$$

J 和 K 是数据输入端，是触发器状态更新的依据，若 J、K 有两个或两个以上输入端时，组成“与”的关系。Q 与 $\overline{Q}$ 为两个互补输出端。通常把 Q＝0、$\overline{Q}$＝1 的状态定为触发器“0”状态；而把 Q＝1，$\overline{Q}$＝0 定为“1”状态。

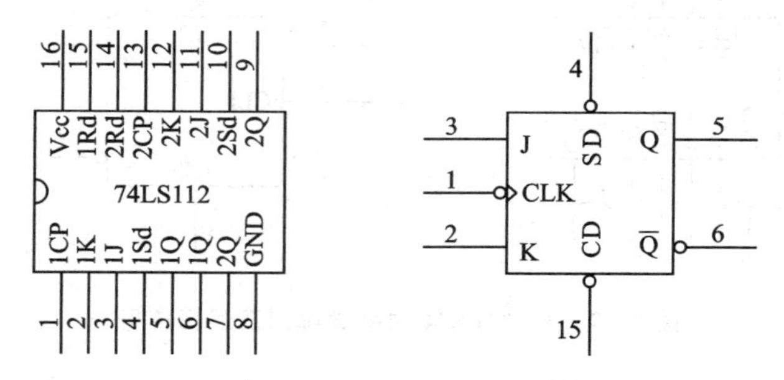

图 2－7－2　74LS112 双 JK 触发器引脚排列及逻辑符号

下降沿触发 JK 触发器的功能如表 2－7－2 所列。

表 2－7－2　下降沿 JK 触发器的逻辑功能

输入					输出	
$\overline{S}_D$	$\overline{R}_D$	CP	J	K	Q_{n+1}	$\overline{Q}_{n+1}$
0	1	×	×	×	1	0
1	0	×	×	×	0	1
0	0	×	×	×	×	×
1	1	↓	0	0	Q_n	$\overline{Q}_n$
1	1	↓	1	0	1	0
1	1	↓	0	1	0	1
1	1	↓	1	1	$\overline{Q}_n$	Q_n
1	1	↑	×	×	Q_n	$\overline{Q}_n$

注：×为任意态，↓由高到低电平跳变，↑由低到高电平跳变。

Q_n（$\overline{Q}_n$）为现态，Q_{n+1}（$\overline{Q}_{n+1}$）为次态，×为不定态。

JK 触发器常被用作缓冲存储器，移位寄存器和计数器。

3. D 触发器

在输入信号为单端的情况下，D 触发器用起来最为方便。D 触发器的状态方程为 $Q^{n+1}=D^n$，其输出状态的更新发生在 CP 脉冲的上升沿，故又称为上升沿触发的边沿触发器。触发器的状态只取决于时钟到来前 D 端的状态。D 触发器的应用很广，可用做数字信号的寄存、移位积存、分频和波形发生等。有很多种型号可供各种用途的需要而选择。如双 D74LS74、四 D74LS175、六 D74LS174 等，功能如表 2－7－3 所列。

图 2－7－3 为双 D 74LS74 的引脚排列及逻辑符号。表 2－7－4 所列为 74LS74 的逻辑功能。

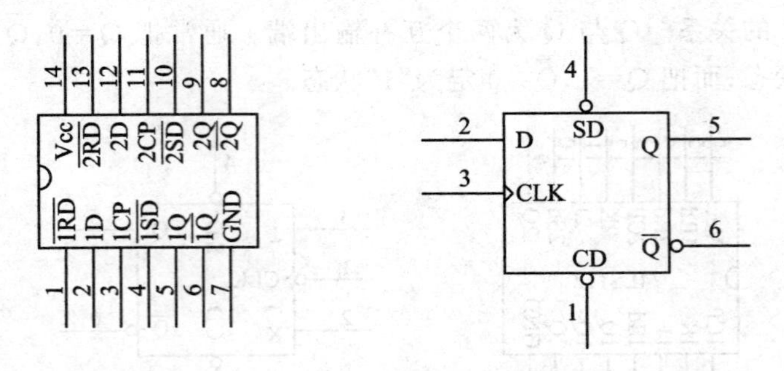

图 2－7－3　74LS74 的引脚排列及逻辑符号

表 2－7－3　双 D 触发器的逻辑功能

输入				输出	
$\overline{S}_D$	$\overline{R}_D$	CP	D	Q_{n+1}	$\overline{Q}_{n+1}$
0	1	×	×	1	0
1	0	×	×	0	1
0	0	×	×	×	×
1	1	↑	1	1	0
1	1	↑	0	0	1
1	1	↓	×	Q_n	$\overline{Q}_n$

表 2－7－4　74LS74 的逻辑功能

输入				输出
$\overline{S}_D$	$\overline{R}_D$	CP	T	Q_{n+1}
0	1	×	×	1
1	0	×	×	0
1	1	↓	0	Q_n
1	1	↓	1	$\overline{Q}_n$

4. 触发器之间的相互转换

在集成触发器的产品中，每一种触发器都有各自逻辑固定的功能，也可以利用转化的方法获得具有其他功能的触发器。例如，将 JK 触发器的 J、K 两端连在一起组成一个新的端子，这个新端子的名称叫“T”端，于是就得到新的“T”触发器，如图 2－7－4(a)所示。其状态方程为

$$Q_{n+1}=T\overline{Q}_n+\overline{T}\,Q_n$$

由功能表可见，当 T＝0 时，时钟脉冲作用后，其状态保持不变；当 T＝1 时，时钟脉冲作用后，触发器状态翻转。所以，若将 T 触发器的 T 端置“1”(见图 2－7－4(b))，即得 T′触发器。在 T′触发器的 CP 端每来一个 CP 脉冲信号，触发器的状态就翻转一次，故称为翻转触发器，广泛用于计数电路中。

同样，若将 D 触发器 $\overline{Q}$ 端与 D 端相连，便转换成 T′触发器，如图 2－7－5 所示。

JK 触发器也可转换为 D 触发器，如图 2－7－6 所示。

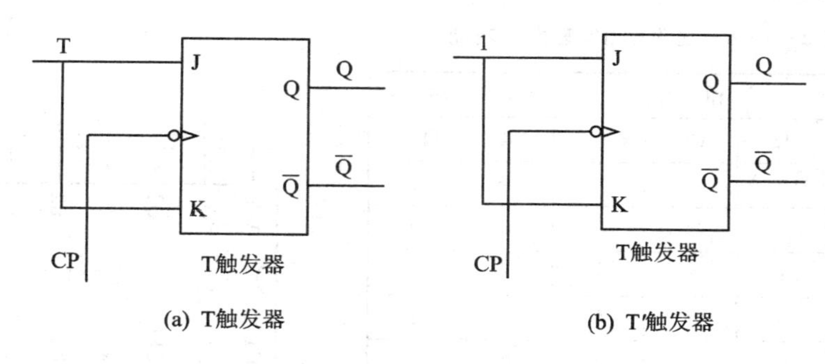

图 2-7-4　T 和 T′型触发器

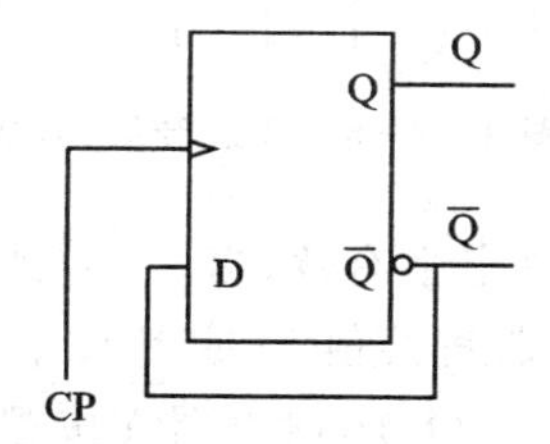

图 2-7-5　D 触发器转换成 T′触发器

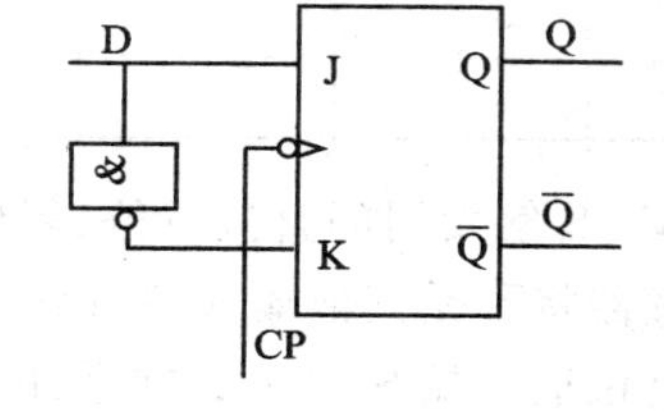

图 2-7-6　JK 触发器转换成 D 触发器

5. CMOS 触发器

(1) CMOS 边沿型 D 触发器

CC4013 是由 CMOS 传输门构成的边沿型 D 触发器。它是上升沿触发的双 D 触发器，表 2-7-5 为其功能表，图 2-7-7 为引脚排列。

表 2-7-5　双 D 触发器逻辑功能

输　入				输　出
S	R	CP	D	Q_{n+1}
1	0	×	×	1
0	1	×	×	0
1	1	×	×	×
0	0	↑	1	1
0	0	↑	0	0
0	0	↓	×	Q_n

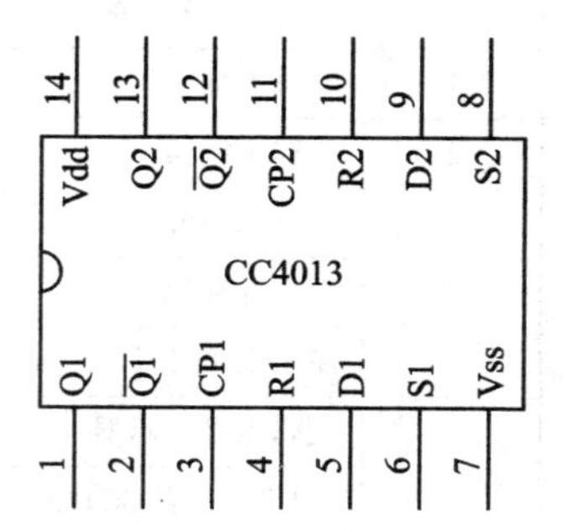

图 2-7-7　双上升沿 D 触发器

(2) CMOS 边沿型 JK 触发器

CMOS 边沿型 JK 触发器是上升沿触发的双 JK 触发器，表 2-7-6 为其功能表，图 2-7-8 为引脚排列。

表 2-7-6　边沿型 JK 触发器功能

输　入					输　出
S	R	CP	J	K	Q_{n+1}
1	0	×	×	×	1
0	1	×	×	×	0
1	1	×	×	×	×
0	0	↑	0	0	Q_n
0	0	↑	1	0	1
0	0	↑	0	1	0
0	0	↑	1	1	$\overline{Q}_n$
0	0	↓	×	×	Q_n

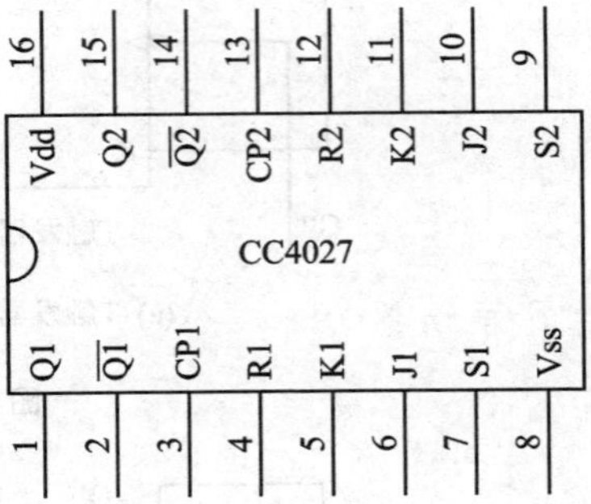

图 2-7-8　双上升沿 JK 触发器

CMOS 触发器的直接置位、复位输入端 S 和 R 是高电平有效，当 S=1(或 R=1)时，触发器将不受其他输入端所处状态的影响，使触发器直接值 1(或置 0)。但直接置位、复位输入端 S 和 R 必须遵守 RS=0 的约束条件。COMS 触发器在按逻辑功能工作时，S 和 R 必须均置 0。

三、实验仪器及设备

表 2-7-7 所列为触发器电路的实验仪器及设备。

表 2-7-7　实验仪器及设备

序　号	名　称	型号与规格	数　量	备　注
1	直流电源	+5 V	1	综合实验台
2	双踪示波器	DS1052E	1	
3	连续脉冲源		1	综合实验台
4	单次脉冲源		1	综合实验台
5	逻辑电平开关		1	综合实验台
6	逻辑电平显示器		2	综合实验台
7	74LS112(或 CC4027)		1	
8	74LS00(或 CC4011)		2	
9	74LS74(或 CC4013)			

四、实验内容

1. 测试基本 RS 触发器的逻辑功能

按图 2-7-1，用两个与非门组成基本 RS 触发器，输入端 $\overline{R}$、$\overline{S}$ 接逻辑开关的输出插口，输出端 Q、$\overline{Q}$ 接逻辑电平显示输入插口，按表 2-7-8 要求测试，并纪录之。

表 2-7-8　基本 RS 触发器逻辑功能

$\overline{R}$	$\overline{S}$	Q	$\overline{Q}$
1	1→0		
	0→1		
1→0	1		
0→1			
0	0		

2. 测试双 JK 触发器 74LS112 逻辑功能

(1) 测试 $\overline{R}_D$、$\overline{S}_D$ 的复位、置位功能

任取一只 JK 触发器，$\overline{R}_D$、$\overline{S}_D$、J、K 端接逻辑开关输出插口，CP 端接单次脉冲源，Q、$\overline{Q}$ 端接至逻辑电平显示输入插口。要求改变 $\overline{R}_D$、$\overline{S}_D$（J、K、CP 处于任意状态），并在 $\overline{R}_D=0$（$\overline{S}_D=1$）或 $\overline{S}_D=0$（$\overline{R}_D=1$）作用期间任意改变 J、K 及 CP 的状态，观察 Q、$\overline{Q}$ 状态，自拟表格并纪录之。

(2) 测试 JK 触发器的逻辑功能

按表 2-7-9 的要求改变 J、K、CP 端状态，观察 Q、$\overline{Q}$ 状态变化，观察触发器状态更新是否发生在 CP 脉冲的下降沿（即 CP 由 1→0），并纪录之。

(3) 将 JK 触发器的 J、K 端连接一起，构成 T 触发器

在 CP 端输入 1 Hz 连续脉冲，观察 Q 端的变化。在 CP 端输入 1 kHz 连续脉冲，用双踪示波器观察 CP、Q、$\overline{Q}$ 端波形，注意相位关系，描绘之。

表 2-7-9　JK 触发器的逻辑功能

J	K	CP	Q_{n+1}	
0	0	0→1	$Q_n=0$	$Q_n=1$
		1→0		
0	1	0→1		
		1→0		
1	0	0→1		
		1→0		
1	1	0→1		
		1→0		

3. 测试双 D 触发器 74LS74 的逻辑功能

(1) 测试 $\overline{R}_D$、$\overline{S}_D$ 的复位、置位功能

测试方法同实验内容 2 之(1)内容,自拟表格记录。

(2) 测试 D 触发器的逻辑功能

按表 2-7-10 要求进行测试,并观察触发器状态更新是否发生在 CP 脉冲的上升沿(即0→1),并记录之。

表 2-7-10 D 触发器的逻辑功能

D	CP	Q_{n+1}	
0	0→1	$Q_n=0$	$Q_n=1$
	1→0		
1	0→1		
	1→0		

(3) D 触发器改成 T 触发器

将 D 触发器的 $\overline{Q}$ 端与 D 端相连接,构成 T′触发器 测试方法同实验内容 2 之(3)的内容,并记录之。

4. 双相时钟脉冲电路

用 JK 触发器及与非门构成的双相时钟脉冲电路如图 2-7-9 所示。此电路是用来将时钟脉冲 CP 转换成两相时钟脉冲 CP_A 及 CP_B,其频率相同,相位不同。

分析电路工作原理,并按图 2-7-9 接线,用双踪示波器同时观察 CP、CP_A;CP、CP_B 及 CP_A、CP_B 之波形,并描绘之。

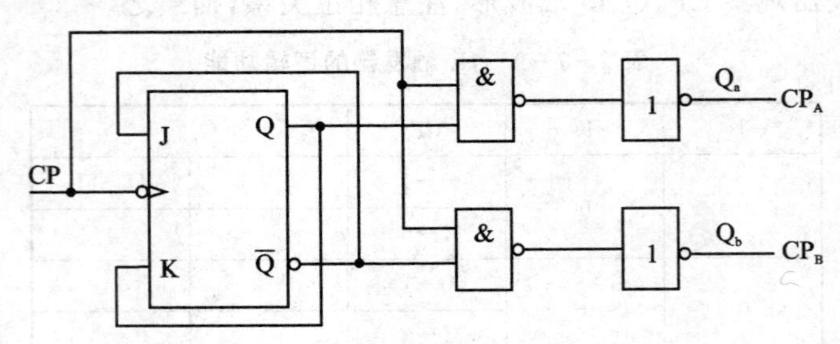

图 2-7-9 双相时钟脉冲电路

5. 乒乓球练习电路

电路功能要求:模拟两名运动员在练球时,乒乓球能往返运转。

提示:采用双 D 触发器 74LS74 设计实验线路,两个 CP 端触发脉冲分别由两名运动员操作,两触发器的输出状态用逻辑电平显示器显示。

五、实验预习要求

① 复习有关触发器内容,列出各触发器的功能测试表格。

② 按实验内容 4、5 的要求设计线路,拟定实验方案。

六、实验报告

① 列表整理各类触发器的逻辑功能。

② 总结观察到的波形,说明触发器的触发方式。

③ 体会触发器的应用。

④ 利用普通的机械开关组成的数据开关所产生的信号是否可作为触发器的时钟脉冲信号？为什么？是否可以用作触发器的其他输入端的信号？又是为什么？

实验八　计数器及其应用

一、实验目的

① 学习用集成触发器构成计数器的方法。

② 掌握中规模集成计数器的使用及功能测试方法。

③ 运用集成计数器构成 1/N 分频器。

二、实验原理

计数器是一种使用相当广泛的部件，在各种数字系统中，往往需要对脉冲的个数进行记数，以实现测量、运算与控制等功能。计数器是一个用以实现计数功能的时序部件，它不仅可用来计脉冲数，还常用作数字系统的定时、分频和执行数字运算以及其他特定的逻辑功能。

计数器种类很多。按构成计数器中的各触发器是否使用一个时钟脉冲源来分，有同步计数和异步计数器。根据计数制的不同，分为二进制计数器、十进制计数器、其他任意进制计数器。根据计数的增减趋势，又分为加法、减法和可逆计数器。还有可预置数和可编程序功能计数器等。目前，无论是 TTL 还是 CMOS 集成电路，都有品种较齐全的中规模集成计数器。使用者只要借助于器件手册提供的功能表和工作波形图以及引出端的排列，就能正确地运用这些器件。

1. 用 D 触发器构成的异步二进制加/减计数器

本实验采用 74LS74 双上升沿 D 触发器进行测试，其外引线排列图及逻辑符号如图 2-8-1 所示。

图 2-8-2 是用四只 D 触发器构成的四位二进制异步加/减计数器，它的连接特点是将每只 D 触发器接成 T′触发器，再有低位触发器的 $\overline{Q}$ 端和高一位的 CP 端相连接。若将图 2-8-2 稍加改动，即将低位触发器的 Q 端和高一位的 CP 端相连接，即构成了一个四位二进制减法计数器。

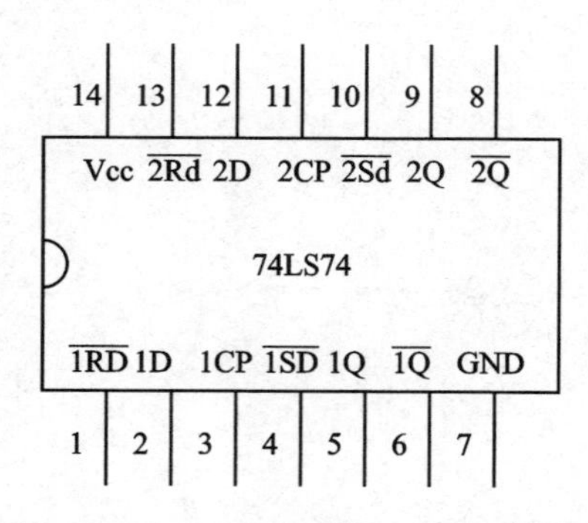

图 2-8-1　74LS74 引脚排列及逻辑符号

2. 中规模十进制计数器

CC40192 是同步十进制可逆计数器，具有双时钟输入，并具有清除和置数等功

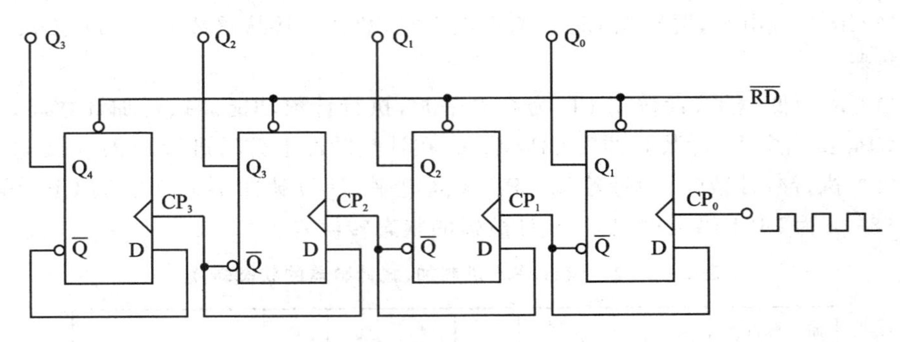

图 2-8-2　四位二进制异步加法计数器

能，其引脚排列及逻辑符号如图 2-8-3 所示。

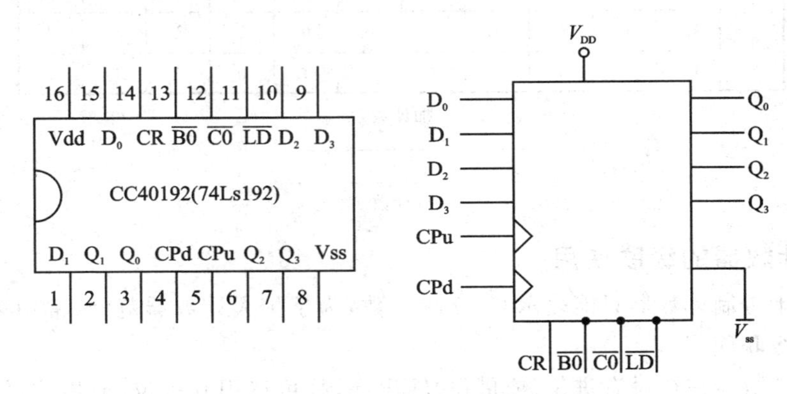

图 2-8-3　CC40192 引脚排列及逻辑符号

图中 $\overline{LD}$——置数端　　CR——清除端

CP_d——减计数端　　CP_U——加计数端

$\overline{C0}$——非同步进位输出端　　$\overline{B0}$——非同步借位输出端

D_0、D_1、D_2、D_3——计数器输入端　　Q_0、Q_1、Q_2、Q_3——数据输出端

CC40192（同 74LS192 可互换使用）的功能如表 2-8-1 所列。

表 2-8-1　CC40192（同 74LS192 可互换使用）的功能表

输入								输出			
CR	LD	CP_U	CP_D	D_3	D_2	D_1	D_0	Q_3	Q_2	Q_1	Q_0
1	×	×	×	×	×	×	×	0	0	0	0
0	0	×	×	d	c	b	a	d	c	b	a
0	1	↑	1	×	×	×	×	加计数			
0	1	1	↑	×	×	×	×	减计数			

当清除端 CR 为高电平“1”时，计数器直接清零；CR 置低电平则执行其他功能。

当 CR 为低电平，置数端 LD 也为低电平时，数据直接从置数端 D_0、D_1、D_2、D_3 置入计数器。

当 CR 为低电平，置数端 LD 为高电平时，执行计数功能。执行加计数时，减计数端 CP_D 接高电平，计数脉冲由 CP_U 输入；在计数脉冲上升沿进行 8421 码十进制加法计数。执行减计数时，加计数端 CP_U 接高电平，计数脉冲由减计数端 CP_D 输入，表 2-8-2 为 8421 码十进制加、减计数器的状态转换表。

表 2-8-2 8421 码十进制加、减计数器的状态转换

输入脉冲数		0	1	2	3	4	5	6	7	8	9
输出	Q_3	0	0	0	0	0	0	0	0	1	1
	Q_2	0	0	0	0	1	1	1	1	0	0
	Q_1	0	0	1	1	0	0	1	1	0	0
	Q_0	0	1	0	1	0	1	0	1	0	1

加计数 →

← 减计数

3. 计数器的级联使用

一个十进制计数器只能表示 0～9 十个数，为了扩大计数器范围，常用多个十进制计数器级联使用。

同步计数器往往设有进位（或借位）输出端，故可选用其进位（或借位）输出信号驱动下一级计数器。

图 2-8-4 是由 CC40192 利用进位输出 C0 控制高一位的 CP_U 端构成的加数级联图。

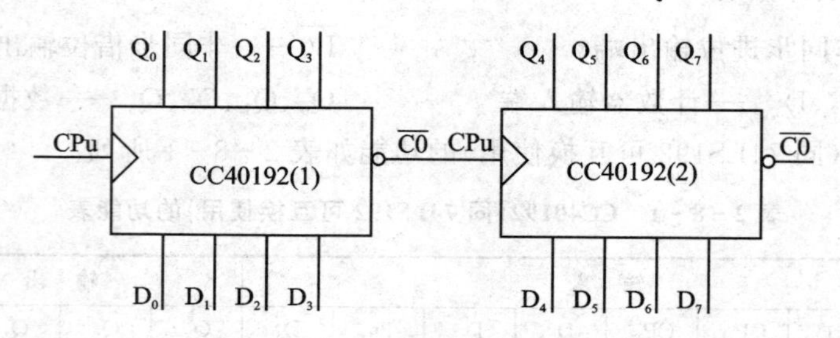

图 2-8-4 CC40192 级联电路

三、实验设备与器件

表 2-8-3 所列为计数器的加、减实验所需设备与器件。

表 2-8-3　加、减计数器实验所需设备与器件

序　号	名　称	型号与规格	数　量	备　注
1	直流电源	+5 V	1	综合实验台
2	双踪示波器	DS1052E		
3	逻辑电平开关		1	综合实验台
4	逻辑电平显示器		1	综合实验台
5	连续脉冲源		1	综合实验台
6	单次脉冲源		1	综合实验台
7	集成芯片	CC4013(74LS74) CC40192(74LS192)	2 2	综合实验台

四、实验内容与步骤

1. 用 CC4013 或 74LS74 D 触发器构成四位二进制异步加法计数器

① 按图 2-8-1 接线，R_D 接至逻辑开关输出插口，将低位 CP_O 端接单次脉冲源，输出端 Q_0、Q_1、Q_2、Q_3 接逻辑电平显示输入插口，各 S_D 接高电平“1”。

② 清零后，逐个送入单次脉冲，观察并列表记录 Q_3、Q_2、Q_1、Q_0 的状态。

③ 单次脉冲改为 1 Hz 的连续脉冲，观察并列表记录 Q_3、Q_2、Q_1、Q_0 的状态。

④ 将 1 Hz 的连续脉冲改为 1 kHz，用双踪示波器观察 CP、Q_3、Q_2、Q_1、Q_0 端波形，描绘之。

⑤ 将图 2-8-1 电路中的低位触发器的 Q 端与高一位的 CP 端相连接，构成减法计数器，按实验内容提要②，③，④进行实验，观察并记录 Q_3、Q_2、Q_1、Q_0 的状态。

2. 测试 CC40192 或 74LS192 同步十进制可逆计数器的逻辑功能

计数脉冲由单次脉冲源提供，清除端 CR、置数端 LD、数据输入端 D_3、D_2、D_1、D_0 分别接逻辑开关，输出端 Q_3、Q_2、Q_1、Q_0 接实验设备的一个译码显示输入相应插口 D、C、B、A；C0 和 B0 接逻辑电平显示插口。按表 2-8-1 逐项测试并判断该集成块的功能是否正常。

(1) 清　除

令 CR=1，其他输入为任意态，这时 $Q_3Q_2Q_1Q_0$=0000，译码显示为 0。清除功能完成后，置 CR=0。

(2) 置　数

CR=0，CP_U，CP_D 任意，数据输入端输入任意一组二进制数，令 LD=0，观察计数译码显示输出，予置功能是否完成，此后置 LD=1。

(3) 加计数

CR=0，LD=CP_D=1，CP_U 接单次触发脉冲源。清零后送入 10 个单次脉冲，观

察译码数字显示是否按 8421 码十进制状态转换表进行;输出状态变化是否发生在 CP_U 的上升沿。

(4) 减计数

CR=0,LD=CP_U=1,CP_D 接单次触发脉冲源。清零后送入 10 个单次脉冲,观察译码数字显示是否按 8421 码十进制状态转换表进行;输出状态变化是否发生在 CP_U 的上升沿。

3. 00～99 的累加计数

如图 2-8-3 所示,用两片 CC40192 组成两位十进制加法计数器,输入 1 Hz 的连续计数脉冲,进行由 00～99 累加计数,并记录之。

4. 00～99 递减计数

将两位十进制加法计数器改为两位十进制减法计数器,实现由 99～00 递减计数,并记录之。

五、实验报告及要求

① 复习计数器有关内容。

② 绘出各实验内容的详细线路图,并完成各测试表格。

③ 记录、整理实验现象及实验所得的有关波形,并对实验结果进行分析。

④ 总结使用集成计数器的体会。

附　　录

附录一　MS8215型数字万用表使用注意事项及使用方法

万用表是一种最常用的多功能、便携式测量仪表，其特点是用途广、量程多、使用方便，一般可以测量交流电压、直流电压、直流电流、电阻等。因此，万用表又称复用表或繁用表。它的种类繁多，按测试原理和测量结果显示方式的不同，可分为模拟式和数字式两大类。

一、模拟式万用表

模拟式万用表是通过指针在表盘上偏转位置的变化来指示被测量的数值，因此又称为机械指针式万用表。

1. 组　成

模拟式万用表的组成如附图1-1-1所示，有表头（指示部分）、测量电路、转换装置三部分。

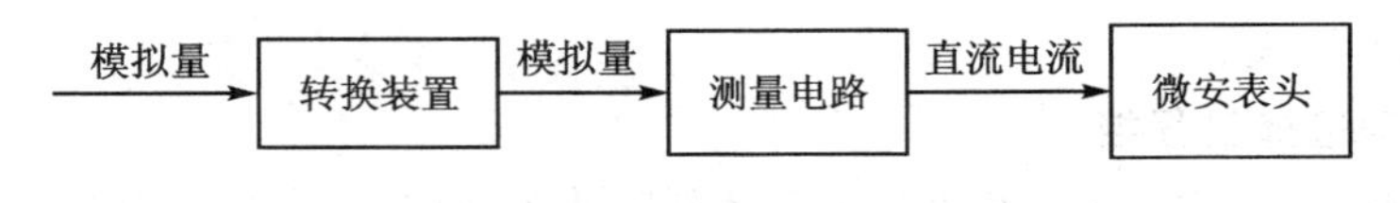

附图1-1-1　模拟万用表原理框图

(1) 表　头

表头的作用是指示被测量值的大小。万用表的表头一般都采用灵敏度高、准确度好的磁电式直流微安表，是模拟万用表的关键部分，其性能是决定万用表技术指标的重要因素。直流微安的表指针偏转需要直流电流的驱动，而偏转大小是与驱动电流成正比的。当被测量值与表盘刻度对应一致时，则读数就能直接反映出被测量数值。

(2) 测量电路

测量电路的作用是将被测量转换成表头所需的驱动电流。万用表之所以能完成多种电量的测量，是由于对应于每一种电量及量程，都有与其相适应的测量电路，它通常由直流电流测量电路、直流电压测量电路、交流电压测量电路、直流电阻测量电路组合而成。

(3) 转换装置

转换装置的作用是选择测量项目和量程，它的主要部件是转换开关。通过转换开关，在不同的测量电路之间进行切换。

2. 正确的使用方法

模拟万用表的类型较多，在使用时应了解各部件的作用，分清表盘上各刻度所对应的量和正确的读数。

正确使用模拟万用表应注意以下几点：

(1) 零位调整

使用前检查指针是否在零位，若不在零位，调整零位调整器，使指针调至零位。

(2) 正确连接表笔

红表笔应插入标有"＋"的插空，黑表笔插入"－"的插空。

(3) 测量直流电流、直流电压

红表笔应接入被测量直流电流、直流电压的正极，黑表笔接负极。用欧姆挡判别晶体二极管管脚极性时，注意标以"＋"表笔插孔接在表内电池负端，而标以"－"号表笔插孔接在表内电池正端。

(4) 测量电压和电流

测量电压时，万用表应与被测电路并联；测量电流时，要把被测电路断开，将万用表串接在被测电路中。

(5) 正确使用万用表选择开关

量程转换开关应根据被测量放在正确位置，切不可使用电流挡或欧姆挡测电压，否则会损坏万用表。

(6) 合理选择量程挡

测量电压、电流时，应使表针偏转至满刻度的1/2或2/3以上；测量电阻时，应使表针偏转至中心刻度附近(电阻挡的设计是以中心刻度为标准的)。

(7) 测交流电压、电流

测量交流电压、电流应注意被测量必须是正弦交流电压、电流，被测信号的频率也不能超出仪表允许范围。

(8) 测量高电压、大电流

测量高电压、大电流时，不可带电转换量程开关，以免电弧烧毁转换开关触点。

(9) 保护万用表

万用表使用完毕，将转换开关放在交流电压最大挡，避免损坏仪表。

(10) 电池的取舍

万用表长期不用时，应取出电池，防止电池漏液、腐蚀和损坏万用表内零件。

二、数字万用表

数字万用表也称数字多用表(DMM)。它采用先进的集成电路模数转换器和数显技术，将被测量数值直接以数字形式显示出来。数字万用表显示清晰直观，读数准确。与模拟式万用表相比，其各项性能指标均有大幅度的提高。

1. 组成与工作原理

数字万用表除了具有模拟式万用表的测量功能外，还可测量电容、二极管的正向压晶体管直流放大系数 β 及检查线路告警等。

数字万用表的测量基础是直流数字电压表，其他功能都是在此基础上扩展而成的。为了完成各项测量功能，必须增加相应的转换器，将被测量转换成直流电压信号，再经过 A/D 转换器转换成数字量，然后通过液晶显示器以数字形式显示出来，其原理框图如附图 1-1-2 所示。

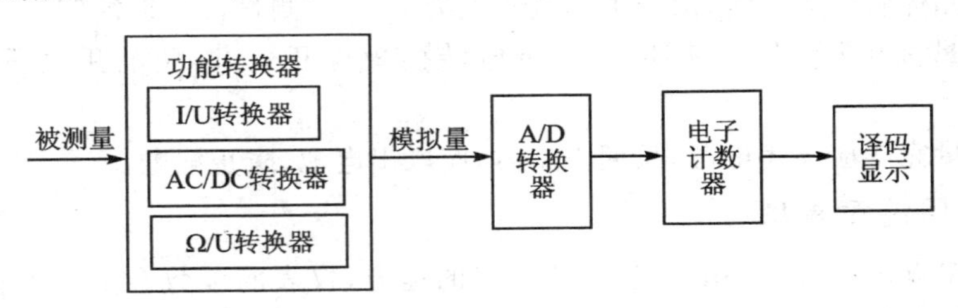

附图 1-1-2　数字万用表原理框图

转换器将各种被测量转换成直流电压信号，A/D 转换器将随时间连续变化的模拟量变换成数字量，然后由电子计数器对数字量进行计数，再通过译码显示电路将测量结果显示出来。

数字万用表显示的位数通常为三位半到八位半，位数越多，测量精度越高，其价格也高。一般常用三位半、四位半数字万用表，即显示数字的位数分别是四位和五位，但其最高位只能显示数字 0 或 1，称为半位，后几位数字可以显示数字 0～9，称为整数位。对应数字显示最大值为 1 999(三位半)、1 9999(四位半)，满量程计数值分别为 2 000、20 000。

2. 主要特点及使用方法

数字万用表主要特点如下：

① 数字显示，直观准确，无视觉误差，并且有极性显示功能；

② 测量精度和分辨率高，功能全；

③ 输入阻抗高(大于 1 MΩ)，对被测电路影响小；

④ 电路集成度高，产品的一致性好，可靠性强；

⑤ 保护功能齐全，有过压、过流、过载保护和超量程显示；

⑥ 功耗低，抗干扰能力强；

⑦ 便于携带,使用方便。

数字万用表使用方法如下：数字万用表一般有四个表笔插空,测量时黑表笔插入 COM 插孔,红表笔则根据测量需要,插入相应的插孔。使用时注意测量量程的选择,要根据被测量选择合适的量程范围,测直流电压置于 DCV 量程,交流电压置于 ACV 量程,直流电流置于 DCA 量程,交流电流置于 ACA 量程,电阻置于 Ω 量程。使用时还应注意如下几点：

① 当数字万用表仅在最高位显示 1 时,说明已超过量程,须调高一挡。

② 测量未知量时,应将转换开关置于最高量程挡。

③ 测交流电压、电流时,注意被测量必须是正弦交流电压、电流,被测信号的频率也不能超出仪表允许范围。

④ 与模拟万用表不同,数字万用表红表笔接内部电池的正极,黑表笔接内部电池的负极。测量二极管功能时,显示值为二极管正向压降,二极管接反则显示 1。

⑤ 测晶体管的 h_{FE} 时,由于工作电压仅为 2.8 V,测量仅为近视值。

⑥ 测量高电压、大电流时,不可带电转换量程开关,以免电弧烧毁转换开关触点。

⑦ 测量完毕应关闭电源,长期不用时,应取出电池,防止漏电。

3. 使用注意事项

① 如果仪表放置在环境比较嘈杂干扰的地方,仪表的读数会变得不稳定,甚至产生较大的误差。

② 当仪表或表笔外观破损时,千万不要使用。

③ 若未按照说明书的指示使用仪表,仪表提供的安全功能可能会失效。

④ 在裸露的导体或母线周围工作时,必须极其小心。

⑤ 切勿在具有爆炸性的气体、蒸汽或灰尘附近使用本仪表。

⑥ 用仪表测量已知的电压,确认仪表正常工作。若仪表工作异常,请勿使用。保护设施可能已遭到损坏,若有疑问,应把仪表送去维修。

⑦ 使用仪表测量时,要确定测试笔和功能开关位于正确的位置。

⑧ 在不能确定被测量信号的大小范围时,须将量程开关置于最大量程位置或尽可能选择自动量程方式。

⑨ 切勿超过每个量程所规定的输入极限值,以防损坏仪表。

⑩ 当仪表已连接到被测线路时,切勿触摸没有使用的输入端。

⑪ 当被测电压超过 60 VDC 或 30 VAC 有效值时,请小心操作以防电击。

⑫ 使用测试笔测量时,应将手指放在测试笔的护环后。

⑬ 连接时,先连接公共测试笔,然后再连接带电的测试笔;断开连接时,先断开带电的测试笔,然后再断开公共测试笔。

⑭ 在转换量程之前,必须保证测试笔没有连接到任何被测电路。

⑮ 对于所有的直流功能,包括手动或自动量程,为避免由于可能的不正确读数

而导致电击的危险，可先使用交流功能来确认是否有交流电压的存在。然后，选择一个等于或大于交流量程的直流电压量程。在进行电阻、二极管、电容测量或通断测试前，必须先切断电源，并将所有的高压电容器放电。不可在带电的电路上测量电阻或进行通断测试。

⑯ 在进行电流测量前，应先检查仪表的保险管。把仪表连接到被测电路之前，应先关闭被测电路的电源。

4. 读数保持模式

读数保持模式可以将目前的读数保持在显示器上。在自动量程模式下启动读数保持功能将使仪表切换到手动量程模式，但原有量程维持不变。通过改变测量功能挡位、按 RANGE 键或再按一次 HOLD 键都可以退出读数保持模式。

要进入和退出读数保持模式的方法如下：

① 按一下"HOLD"键，读数将被保持且"DATA－H"符号同时显示在液晶显示器上。

② 再按一下"HOLD"键将使仪表恢复到正常测量状态。

5. 手动量程和自动量程模式

本仪表有手动量程和自动量程两个选择。

在自动量程模式下，仪表会为检测到的输入选择最佳量程。这让用户在转换测试点时无须重置量程。

在手动量程模式下，用户需要自己选择所需的量程。这可以让用户在取代自动量程前把仪表锁定在指定的量程下。

对具有超过一个量程的测量功能挡，仪表会将自动量程模式作为其默认模式。当仪表在自动量程模式时，显示器会显示"AUTO"符号。

要进入和退出手动量程模式的方法如下：

① 按 RANGE 键，仪表进入手动量程模式，"AUTO"符号消失。每按一次 RANGE 键，量程会增加一挡。到最高挡的时候，仪表会循环回到最低的一挡。

注意：当进入读数保持模式后，如果以手动方式改变量程，仪表会退出该模式。

② 持续按住 RANGE 键 2 s 可退出手动量程模式，仪表回到自动量程模式且显示器显示"AUTO"符号。

6. 测量电压

电压是两点之间的电位差。交流电压的极性随时间而变化，而直流电压的极性不会随时间而变化。本仪表的电压量程为：400.0 mV、4.000 V、40.00 V、400.0 V 和 1 000 V。

注意：交流电压 400.0 mV 量程只存在于手动量程模式内。

测量交流或直流电压（可按照附录图 1－1－3 所示设定和连接仪表）的方法如下：

① 将旋转开关旋至 DCV、ACV 或 DCmV 挡。

② 分别把黑色测试笔和红色测试笔连接到 COM 输入插座和 V 输入插座。

③ 用红黑测试笔的两端测量待测电路的电压值(与待测电路并联)。

④ 由液晶显示器读取测量电压值。在测量直流电压时,显示器会同时显示红色表笔所连接的电压极性。

注意:在 400 mV 量程,即使没有输入或连接测试笔,仪表也会有若干显示,在这种情况下,将“V-Ω”和“COM”端短路使仪表显示回零。

在测量交流电压的直流电压时,为得到更佳的精度,应先测量交流电压。记下测量交流电压的量程,而后以手动方式选择和该交流电压相同或更高的直流电压量程。这样可以确保输入保护电路没有被用上,从而改善直流测量的精度。附录图 1-1-3 所示接法是测量交流直流电压。

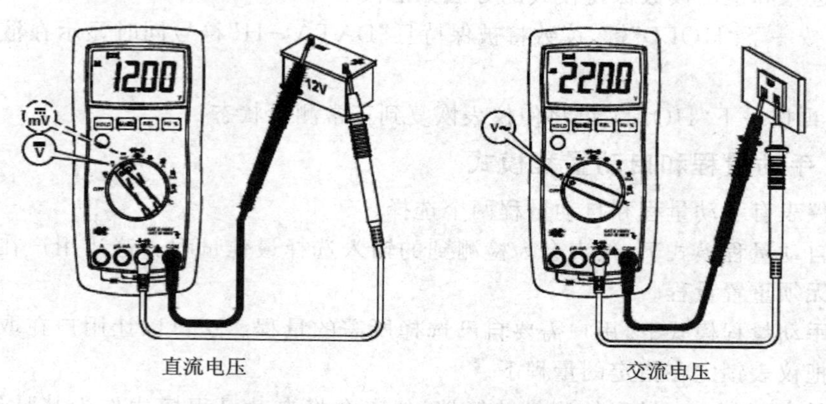

附录图 1-1-3 测量交流直流电压

7. 测量电流

电流是通过一个导体的电子流。本仪表的电流量程为 400.0 μA、4 000 μA、40.00 mA、400.0 mA、4.000 A 和 10.00 A。

测量电流的方法如下:

① 切断被测电路的电源,将全部高压电容放电。

② 将旋转开关转至 μA、mA 或 A 挡位。

③ 按黄色功能按钮选择直流电流或交流电流的测量方式。

④ 把黑色测试笔连接到 COM 输入插座。当被测电流小于 400 mA 时,将红色测试笔连接到“mA”输入插座;当被测电流在 400 mA~10 A 时,将红色测试笔连接到“A”输入插座。

⑤ 断开待测的电路:把黑色测试笔连接到被断开的电路(其电压比较低)一端,把红色测试笔连接到被断开电路(其电压比较高)的另一端。把测试笔反过来连接会使读数变为负数,但不会损坏仪表。

⑥ 接上电路的电源，然后读出显示的读数。如果显示器只显示"OL"，表示输入超过所选量程，旋转开关应置于更高量程。

⑦ 切断被测电路的电源，将全部高压电容放电，拆下仪表的连接并把电路恢复原状。

8. 测量电阻

电阻是阻碍电流流动的一种阻力，电阻的单位是欧姆(Ω)。仪表是通过输出小电流到电路上来测量电阻。由于该电流流通表笔之间所有可能的通道，所以在电路上的电阻读数代表了表笔之间所有通道的总电阻。

本仪表的电阻量程为 400.0 Ω、4.000 kΩ、40.00 kΩ、400.0 kΩ、4.000 MΩ 和 40.00 MΩ。

测量电阻(可按照附录图 1-1-4 设定和连接仪表)的方法如下：

① 将旋转开关旋至 Ω 挡。

② 分别把黑色测试笔和红色测试笔连接到 COM 输入插座和 VΩ 输入插座。

③ 用红黑测试笔的两端测量待测电路的电阻值。

④ 从液晶显示器上读取测量电阻值。

以下是测量电阻时的注意事项：

① 在电路上所测量到的电阻值通常会和电阻的额定值有所不同。这是因为仪表输出的测试电流通过表笔之间所有可能的通道。

② 在测量低电阻时，为了测量准确须先短路两表笔读出表笔短路时的电阻值，在测出被测电阻后须减去该电阻值。

③ 仪表在电阻挡下，输出的电压能达到硅二极管或三极管的结正向导通电压，从而使它导通。为避免这种情形发生，在电路上测量电阻时，不要使用 40 MΩ 的量程。

④ 在 40 MΩ 挡时，待几秒钟后读数才能稳定。这对于高阻值测量来说是正常的。当无输入时(如在开路时)，显示器将显示"OL"表示测量值超出量程。

附录 1-1-4 为测量电阻时的连接。

9. 测试二极管

用二极管测试功能可以测试二极管、三极管以及其他半导体元件的参数值。二极管测试是对半导体结送出一个电流，然后用仪表测量该半导体结上的电压降。一个良好的硅半导体结的电压降应该是 0.5～0.8 V。

在电路外测试一个二极管(可按照附录图 1-1-5 设定和连接仪表)的方法如下：

① 将旋转开关转至"Ω"挡位。

② 按黄色功能键一次，切换到二极管测试状态。

③ 分别把黑色测试笔和红色测试笔连接到 COM 输入插座和 Ω 输入插座。

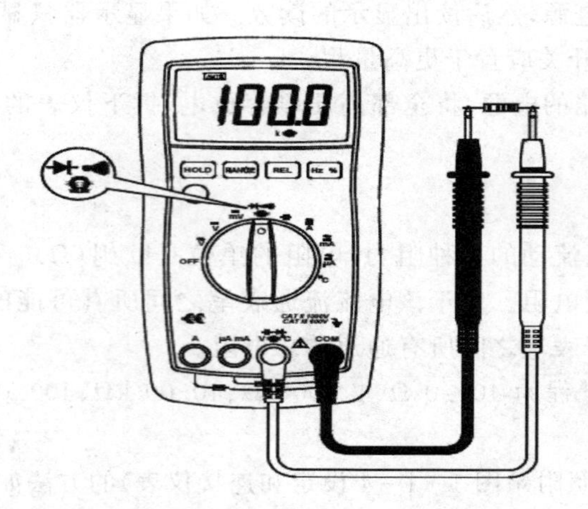

附录图 1-1-4 测量电阻

④ 分别把黑色测试笔和红色测试笔连接到被测二极管的负极和正极。

⑤ 仪表将显示被测二极管的正向偏压值。如果测试笔极性接反，仪表将显示“OL”。

在电路里，一个好的二极管应该产生 0.5～0.8 V 的正向压降；但是反向偏压的读数将取决于两表笔之间其他通道的电阻值。

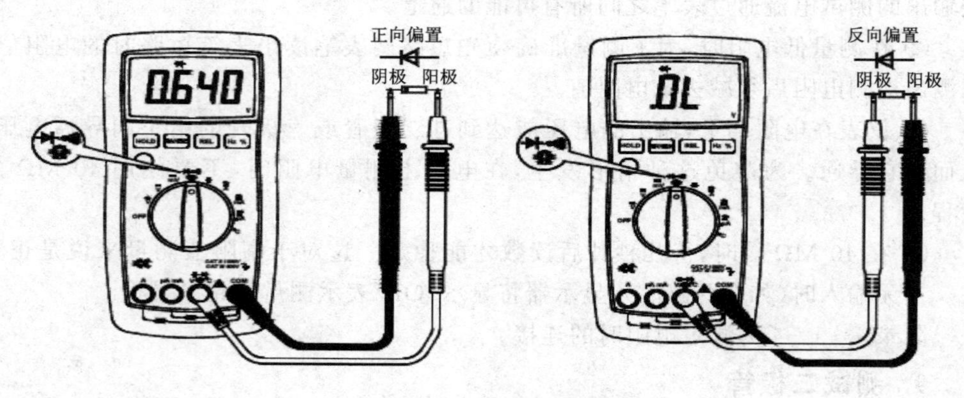

附录图 1-1-5 测试二极管

10. 测量电容

电容是元件储存电荷的能力。电容的单位是法拉(F)。大部分电容的单位用纳法(nF)、微法(μF)。

仪表是通过对电容器的充电(用已知的电流和时间)，然后测量电压，再计算电容值。每一个量程的测量大约需要 1 s 的时间。电容器的充电电压可达 1.2 V。本仪表的电容量程为 50 nF、500 nF、5 μF、50 μF 和 100 μF。

测量电容(可按照附录图 1-1-6 设定和连接仪表)的方法如下：

① 将旋转开关转至挡位。

② 分别把黑色测试笔和红色测试笔连接到 COM 输入插座和输入插座。也可使用多功能测试座测量电容。

③ 用红黑二测试笔的两端测量待测电容的电容值,并在液晶显示器上读取测量值。

以下是测量电容的注意事项:

① 用本仪表测量大电容时,稳定读数需要一定时间(100 μF 挡需要 10 s)。

② 为改善低于 50 nF 测量值的精度,应减去仪表和导线的分布电容。

③ 测量低于 500 pF 电容时,本仪表的读数仅供参考,测量精度未指定。

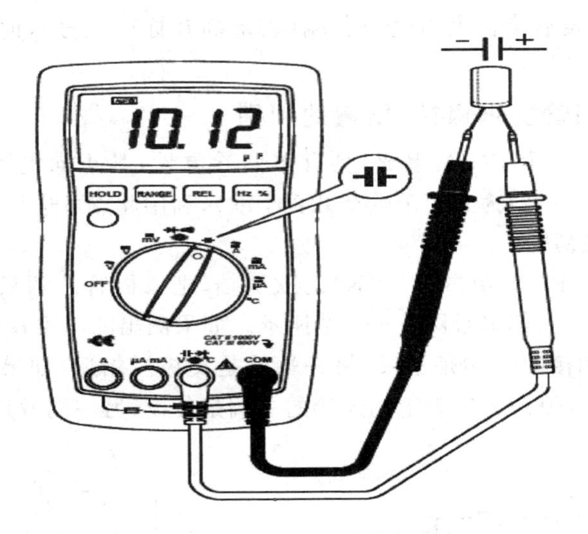

附录图 1-1-6　测量电容

附录二　用万用电表对常用电子元器件检测

用万用表可以对晶体二极管、三极管、电阻、电容等进行粗测。万用表电阻挡等值电路如附录图 2-1-1 所示，其中的 R_o 为等效电阻，E_o 为表内电池。当万用表处于 R×1、R×100、R×1K 挡时，E_o=1.5 V，而处于 R×10K 挡时，E_o=15 V。测试电阻时要记住，红表笔接在表内电池负端（表笔插孔标“+”号），而黑表笔接在正端（表笔插孔标以“-”号）。

1. 晶体二极管引脚极性、质量的判别

晶体二极管由一个 PN 结组成，具有单向导电性，其正向电阻小（一般为几百欧），而反向电阻大（一般为几十千欧至几百千欧），利用此点可进行判别。

(1) 管脚极性判别

将万用表拨到 R×100（或 R×1K）的欧姆挡，把二极管的两只引脚分别接到万用表的两根测试笔上，如附录图 2-1-2 所示。如果测出的电阻较小（约几百欧），则与万用表黑表笔相接的一端是正极，另一端就是负极。相反，如果测出的电阻较大（约百千欧），那么与万用表黑表笔相连接的一端是负极，另一端就是正极。

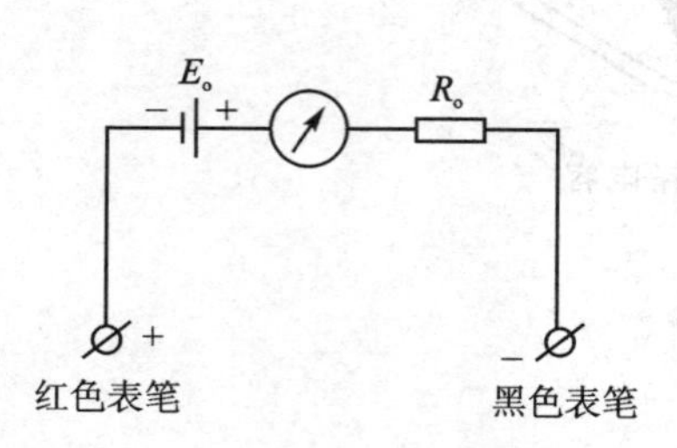

附录图 2-1-1　万用表电阻挡等值电路

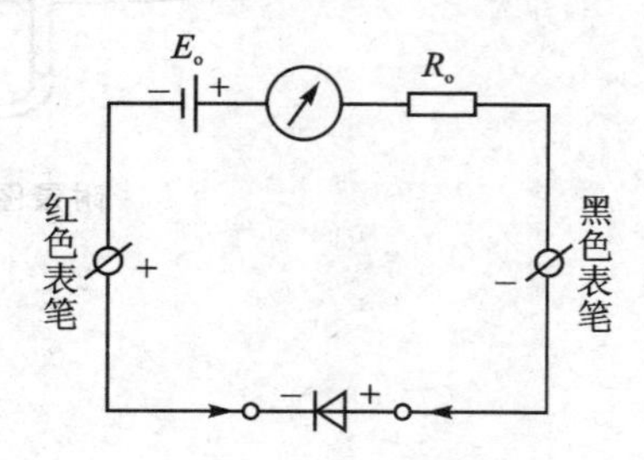

附录图 2-1-2　判断二极管极性

(2) 判别二极管质量的好坏

一个二极管的正、反向电阻差别越大，其性能就越好。如果双向阻值都较小，说明二极管质量差，不能使用；如果双向阻值都为无穷大，则说明该二极管已经断路。如双向阻值均为零，说明二极管已被击穿。

利用数字万用表的二极管挡也可判别正、负极，此时红表笔（插在“V·Ω”插孔）带正电，黑表笔（插在“COM”插孔）带负电。用两支表笔分别接触二极管两个电极，若显示值在 1 V 以下，说明管子处于正向导通状态，红表笔接的是正极，黑表笔接的是负极。若显示溢出符号“1”，表明管子处于反向截止状态，黑表笔接的是正极，红表

笔接的是负极。

2. 晶体三极管引脚与质量判别

可以把晶体三极管的结构看作是两个背靠背的 PN 结，对 NPN 型来说基极是两个 PN 结的公共阳极，对 PNP 型管来说基极是两个 PN 结的公共阴极，分别如附录图 2-1-3 所示。

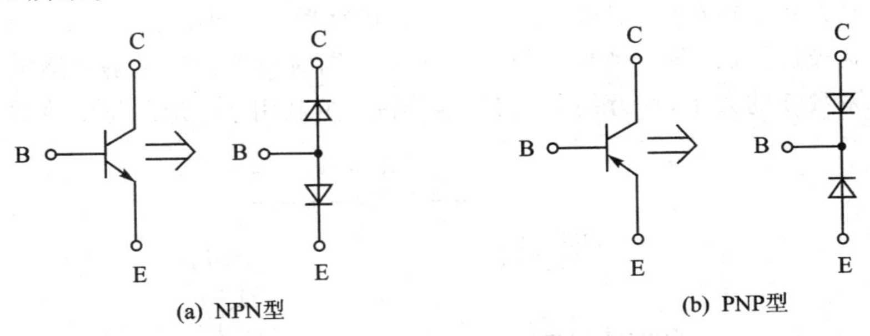

附录图 2-1-3　晶体三极管结构示意图

(1) 管型与基极的判别

万用表置电阻挡，量程选 1K(或 R×100)挡，将万用表任一表笔先接触某一个电极—假定的公共极，另一表笔分别接触其他两个电极，当两次测得的电阻均很小(或均很大)，则前者所接电极就是基极，如两次测得的阻值一大一小，相差很多，则前者假定的基极有错，应更换其他电极重测。

根据上述方法，可以找出公共极，该公共极就是基极 B，若公共极是阳极，该管属 NPN 型管，反之则是 PNP 型管。

(2) 发射极与集电极的判别

为使三极管具有电流放大作用，发射结应加正偏置，集电结加反偏置，如附录图 2-1-4 所示。

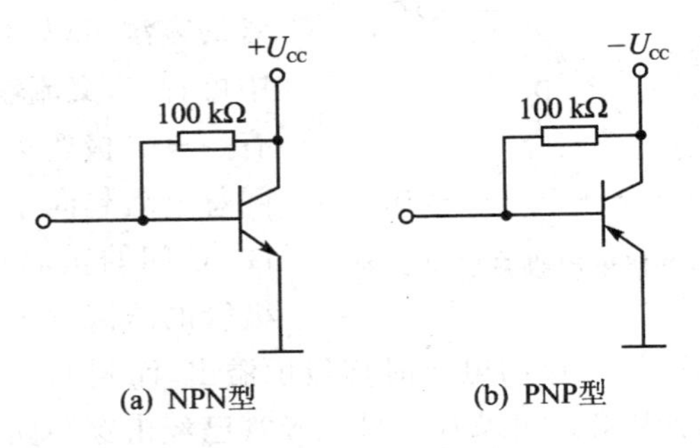

附录图 2-1-4　晶体三极管的偏置情况

当三极管基极 B 确定后，便可判别集电极 C 和发射极 E，同时还可以大致了解穿透电流 I_{CEO} 和电流放大系数 β 的大小。

以 PNP 型管为例，若用红表笔(对应表内电池的负极)接集电极 C，黑表笔接 E

极(相当C、E极间电源正确接法),如附录图2-1-5所示。这时万用表指针摆动很小,它所指示的电阻值反映管子穿透电流I_{CEO}的大小(电阻值大,表示I_{CEO}小)。如果在C、B间跨接一只$R_B=100\ k\Omega$电阻,此时万用表指针将有较大摆动,它指示的电阻值较小,反映了集电极电流$I_C=I_{CEO}+\beta I_B$的大小,且电阻值减小越多表示β越大。如果C、E极接反(相当于C-E间电源极性反接)则三极管处于倒置工作状态,此时电流放大系数很小(一般<1)于是万用表指针摆动很小。因此,比较C-E极两种不同电源极性接法,便可判断C极和E极了。同时还可大致了解穿透电流I_{CEO}和电流放大系数β的大小,如万用表上有h_{FE}插孔,可利用h_{FE}来测量电流放大系数β。

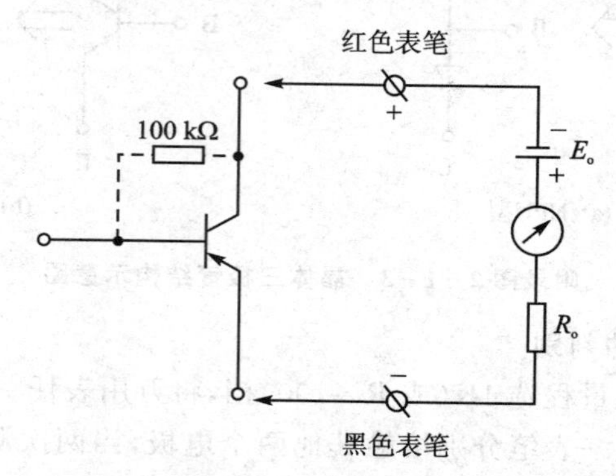

附录图2-1-5 晶体三极管集电极C、发射极E的判别

3. 检查整流桥堆的质量

整流桥堆是把四只硅整流二极管接成桥式电路,再用环氧树脂(或绝缘塑料)封装而成的半导体器件。桥堆有交流输入端(A、B)和直流输出端(C、D),如附录图2-1-6所示。采用判定二极管的方法可以检查桥堆的质量。从图中可看出,交流输入端A-B之间总会有一只二极管处于截止状态使A-B间总电阻趋向于无穷大。直流输出端D-C间的正向压降则等于两只硅二极管的压降之和。因此,用数字万用表的二极管挡测A-B的正、反向电压时均显示溢出,而测D-C时显示大约1 V,即可证明桥堆内部无短路现象。如果有一只二极管已经击穿短路,那么测A-B的正、反向电压时,必定有一次显示0.5 V左右。

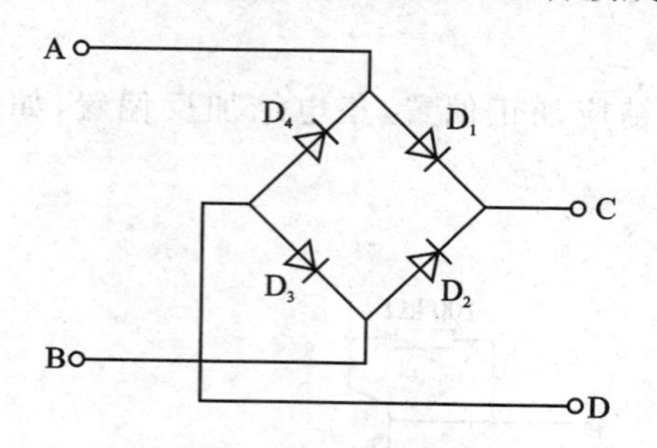

附录图2-1-6 整流桥堆引脚及质量判别

4. 电容的测量

电容的测量,一般应借助于专门的测试仪器。通常用电桥,而用万用表仅能粗略

地检查一下电解电容是否失效或漏电情况，测量电路如附录图 2－1－7 所示。

测量前应先将电解电容的两个引出线短接一下，使其所充的电荷释放。然后将万用表置于 1K 挡，并将电解电容的正、负极分别与万用表的黑表笔、红表笔接触。在正常情况下，可以看到表头指针先是产生较大偏转（向零欧姆处），以后逐渐向起始零位（高阻值处）返回。这反映了电容器的充电过程，指针的偏转反映电容器充电电流的变化情况。

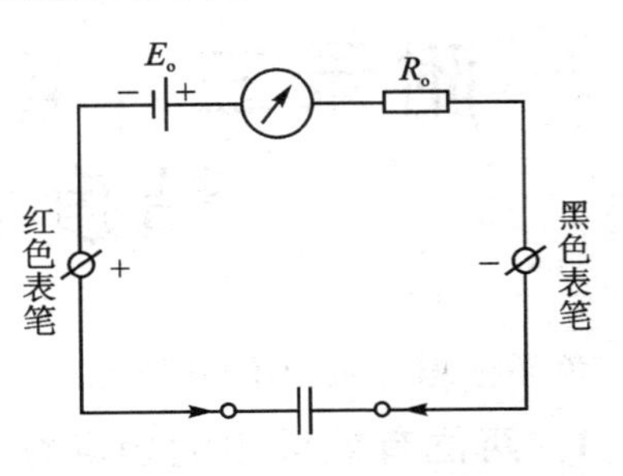

附录图 2－1－7　电容的测量

一般说来，表头指针偏转越大，返回速度越慢，则说明电容器的容量越大。若指针返回到接近零位（高阻值），说明电容器漏电阻很大。指针所指示电阻值，即为该电容器的漏电阻。对于合格的电解电容器而言，该阻值通常在 500 kΩ 以上。电解电容在失效时（电解液干涸，容量大幅度下降）表头指针偏转就很小，甚至不偏转。已被击穿的电容器，其阻值接近于零。

对于容量较小的电容器（云母、瓷质电容等），原则上也可以用上述方法进行检查，但由于电容量较小，表头指针偏转也很小，返回速度又很快，实际上难以对它们的电容量和性能进行鉴别，仅能检查它们是否短路或断路，这时应选用 R×10K 挡测量。

附录三 电阻器的标称值及精度色环标志法

色环标志法是用不同颜色的色环在电阻器表面标称阻值和允许偏差。

1. 两位有效数字的色环标志法

普通电阻器用四条色环表示标称阻值和允许偏差，其中三条表示阻值，一条表示偏差，如附录图 3-1-1 所示。附录表 3-1-1 所列为四条色环电阻的倍率及误差对应值。

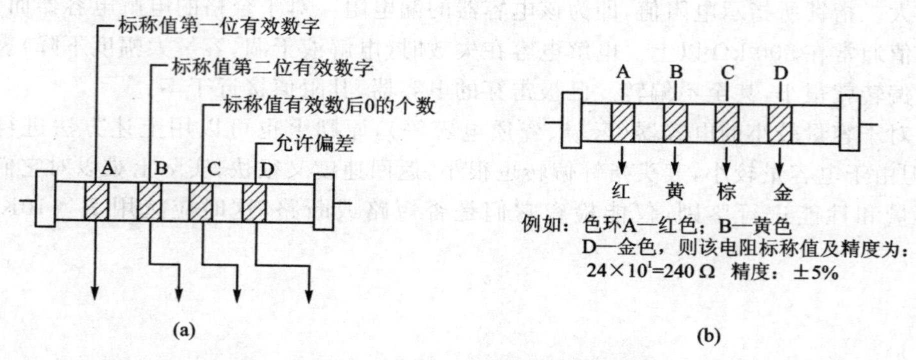

附录图 3-1-1 两位有效数字的阻值色环标志法

附录表 3-1-1 四条色环电阻的倍率及误差对应值

颜 色	第一有效数	第二有效数	倍 率	允许偏差/%
黑	0	0	10^0	
棕	1	1	10^1	
红	2	2	10^2	
橙	3	3	10^3	
黄	4	4	10^4	
绿	5	5	10^5	
蓝	6	6	10^6	
紫	7	7	10^7	
灰	8	8	10^8	
白	9	9	10^9	+50 −20
金			10^{-1}	±5
银			10^{-2}	±10
无色				±20

2. 三位有效数字的色环标志法

精密电阻器用五条色环表示标称阻值和允许偏差，如附录图 3-1-2 所示。附录表 3-1-2 所列为五条色环电阻的倍率与误差对应值。

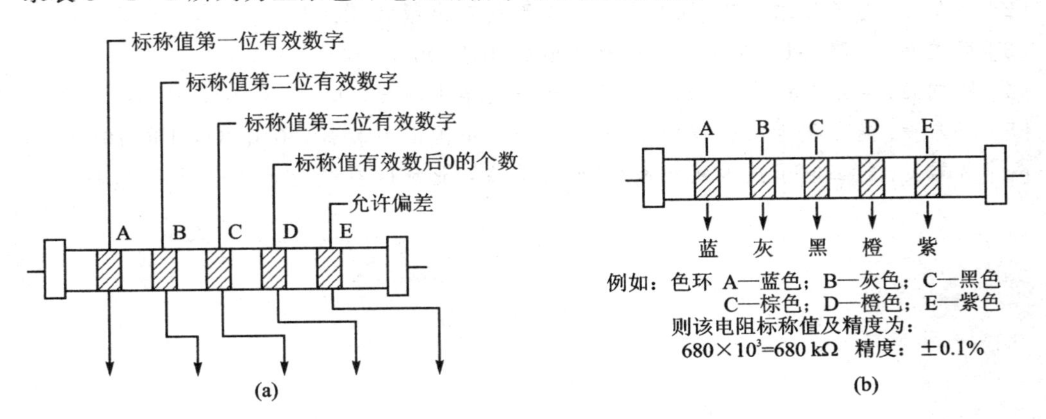

附录图 3-1-2　三位有效数字的阻值色环标志法

附录表 3-1-2　五条色环电阻的倍率与误差对应值

颜　色	第一有效数	第二有效数	第三有效数	倍　率	允许偏差/%
黑	0	0	0	10^0	
棕	1	1	1	10^1	±1
红	2	2	2	10^2	±2
橙	3	3	3	10^3	
黄	4	4	4	10^4	
绿	5	5	5	10^5	±0.5
蓝	6	6	6	10^6	±0.25
紫	7	7	7	10^7	±0.1
灰	8	8	8	10^8	
白	9	9	9	10^9	
金				10^{-1}	
银				10^{-2}	

参考文献

[1] 秦曾煌. 电工学[M]. 北京：高等教育出版社，2006.
[2] 康华光. 电子技术基础[M]. 北京：高等教育出版社，2006.
[3] 邱关源. 电路[M]. 北京：高等教育出版社，2006.
[4] 陈同占. 电路基础实验[M]. 北京：清华大学出版社，2003.
[5] 孙君曼. 提高学生实验技能方法探讨[J]. 中国电力教育，2010(3)：160-161.
[6] 孙君曼. 电工电子技术实验教程[M]. 北京：北京航空航天大学出版社，2016.